KEXUE TANSUO YU FAXIAN XILIE

科学探索与发现系列

宝藏档案

王　冉◎编著

书籍承载知识　阅读点亮心灯

北京理工大学出版社

BEIJING INSTITUTE OF TECHNOLOGY PRESS

图书在版编目（CIP）数据

宝藏档案 / 王冉编著 . — 北京：北京理工大学出版社，2014.6（2016.1 重印）
（科学探索与发现系列）
ISBN 978-7-5640-8421-9

Ⅰ . ①宝… Ⅱ . ①王… Ⅲ . ①探险—世界—少儿读物
Ⅳ . ① N81-49

中国版本图书馆 CIP 数据核字（2013）第 244488 号

宝藏档案

科学探索与发现系列

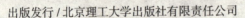

出版发行 / 北京理工大学出版社有限责任公司

社　　址 / 北京市海淀区中关村南大街 5 号

邮　　编 / 100081

电　　话 / （010）68914775（总编室）
　　　　　82562903（教材售后服务热线）
　　　　　68948351（其他图书服务热线）

网　　址 / http://www.bitpress.com.cn

经　　销 / 全国各地新华书店

印　　刷 / 北京市艺辉印刷有限公司

开　　本 / 710mm×1000mm　1/16

印　　张 / 9　　　　　　　　　　　　　　　责任编辑 / 张慧峰

字　　数 / 90 千字　　　　　　　　　　　　文案编辑 / 张慧峰

版　　次 / 2014 年 6 月第 1 版　2016 年 1 月第 2 次印刷　责任校对 / 周瑞红

定　　价 / 29.80 元　　　　　　　　　　　　责任印制 / 边心超

图书出现印装质量问题，本社负责调换

目录
科学探索与发现系列
宝藏档案
CONTENTS

英国皇室的王冠与权杖

　　英国王室是现存最古老的王族，而每代君主的加冕仪式都严格奉行完全一样的传统，这使得英国王室的加冕典礼成为现存的、依然举行的最古老的仪式。在加冕仪式上，国王或者女王头戴的王冠和手持的权杖都成为全球瞩目的焦点。

　　为了使王冠与权杖成为世界上独一无二的权力象征，历代英国王室想尽办法收集钻石和珠宝，认为稀世的钻石最能体现王室尊贵。长达几个世纪收集钻石的历程逐渐形成世界上最有名的家族珍宝。早期那些伟大英王和王后佩带过

◎英国温莎城堡

◎帝国皇冠镶嵌的"库里南2号"宝石

的王冠已经找不到了。国王及其亲属为了发动战争、重建毁于大火的王宫和举办王室婚礼，不得不卖掉了许多珍宝。在中世纪，国王通常在作战时带上御宝，因为他们不信任留在宫中的皇亲国戚。1648年英国爆发的反王权运动对英国王室冲击极大，很多珍贵王冠和权杖流失了。1660年，英王室复辟以后，开始进行重新制作王冠和权杖的工程，从那时到现在，很多稀世珍品都被保存了下来。随着王室的发展，从18世纪开始，英国王室有了专用的珠宝工匠，他们用非凡的技艺制作出最精美的首饰。

王室成员都习惯于把珠宝换来换去。本来是镶嵌在爱德华国王十一世入棺时所戴戒指上的一枚蓝宝石，如今却闪耀在"帝国之冠"上，这顶王冠上还镶有两串珍珠，据报道，那正是苏格兰女王玛丽1587年被斩首时戴的项链。19世纪的君主维多利亚女王尤其热衷于收藏珠宝，从帝国各地搜罗来的奇珍异宝令她陶醉不已。她的珍品中包括一枚拇指大小的印度钻石，名叫"光明之山"，是现今发现的最古老的钻石，于1304年发现于印度，原重191克拉，后来维多利亚女王嫌它的光泽度不好，要再加工，于是它被磨得只剩108.93克拉。正是这枚被镶嵌在女王王冠上的钻石激发了英国著名小说家威尔基·科林斯的灵感，写出《月亮宝石》这部经典作品。

1905年南非发现了重达3106克拉的钻石原矿，新开通的跨大西洋电缆将消息迅速传遍全球，当时宝石界行家就估计原矿的价值高达75亿美元。由于南非当时是英国的殖民地，大家一致认为应把它运往伦敦，献给国王爱德华七世。这件举世无双的珍品引起世界各地珠宝大盗想入非非，有关人员花了几个月时间考虑如何保障运送安全。最后，伦敦警察厅决定，最佳原则是"越简单越安全"。大如茄子的钻石被装进一个没有任何标志的包裹中邮寄了出去，一个月后出现在白金汉宫的皇家邮袋里。1908年2月10日，这颗巨钻被劈成几大块后加工。加工出来的成品钻总量为1063.65克拉，全部归英王室所有。最大的一颗钻石取名为"库里南1号"，也被称作"非洲之星"，重530.02克拉。第二大的被命名为"库里南2号"，重

317.4克拉。现在鸡蛋大小的"非洲之星"

◎英国权杖上镶嵌的"库里南1号"

被镶嵌在英王的权杖顶端，权杖上还有2444颗钻石。鸽子蛋大小的"库里南2号"被镶嵌在英王室最重要的王冠"帝国王冠"上。

 ## 俄罗斯最珍贵的钻石库

　　18世纪初，彼得大帝颁布了一道保护珍宝的专项命令，要求国人不准随便变卖家中的珍贵珠宝和首饰，一定重量以上的钻石和珠宝必须由皇家收购。另外，彼得大帝还在世界范围内搜索钻石珠宝，很多小国得知他的心头所好，都把本国最好的珠宝亲手献上，希望以此得到庇护和福祉。

　　彼得大帝在自己居住的圣·彼得堡东宫内修建了一座神秘建筑物，所有收集到的珠宝都被珍藏在里面，世人称之为钻石库。彼得大帝之后，最痴迷于收集珠宝的是女皇叶卡捷琳娜二世。她对钻石的痴迷程度几近疯狂，每天都佩带

◎俄罗斯彼得大帝

◎叶卡捷琳娜二世

价值连城的钻饰，而且花样经常翻新。她对钻石切割和镶嵌的工艺要求极高，俄国历史上最出色的钻石切割专家就是在叶卡捷琳娜二世时期出现的。曾经有个皇宫卫士壮着胆子称赞女皇的钻饰漂亮，他就被升官至侍卫总管。大小官员于是都把进献钻石当成最直接的升官途径。一次女皇过生日，在收到的上万件生日礼物中竟有超过一半是钻石。女皇的钻石不仅镶嵌成首饰，就连她日常用的东西都要镶满钻石。她有一本17世纪的《圣经》，银制的封面上就镶嵌了3017颗钻石。

在几代皇室不停收集下，俄国的钻石库成为珍贵钻石最集中的地方。最出名的是"奥尔洛夫"钻石，这是目前世界第三大钻石，重189.62克拉。17世纪初，在印度戈尔康达的钻石砂矿中发现一粒重309克拉的钻石原石，这颗美妙绝伦的钻石后来做了印度塞林伽神庙中婆罗门神像的眼珠。1739年，印度被波斯国王攻占之后，这颗钻石又被装饰在波斯国王宝座之上。之后钻石被盗，落入一位亚美尼亚人手中。1767 年，亚美尼亚人把钻石存入了阿姆斯特丹一家银行。1772 年钻石又被转手卖给了俄国御前珠宝匠伊万。伊万于 1773 年以 40 万卢布的价格又把钻石卖给了奥尔洛夫伯爵。同年，奥尔洛夫伯爵把钻石命名为"奥尔洛夫"，并把

◎奥尔洛夫钻石

它奉献给叶卡捷琳娜二世作为她命名日的礼物。尔后，"奥尔洛夫"被焊进一只雕花纯银座里，镶在了俄罗斯权杖顶端。有着传奇经历的钻饰使权杖的威严令人震慑，"奥尔洛夫"成为钻石库中最重要的藏品之一。

除了"奥尔洛夫"之外，钻石库中世界级的钻石还有很多。"保罗一世"重 130.35 克拉，这颗紫红色美钻，曾经镶嵌在印度皇冠的中央，后来被彼得大帝拥有。"波斯沙皇"重 99.52 克拉，曾镶嵌在波斯国王的王冠上，后来为沙皇文狄拥有。"沙赫"虽然只重 88.7 克拉，但是它是世界上唯一一颗刻字的大钻石。钻石最初也是在印度被发现的，先后被两位印度国王拥有，然后辗转到波斯国王手中。钻石的 3 个晶面上分别刻有 3 个国王的名字，每次转手到新主人手中，都会被刻上新主人的名字。要知道钻石极为坚硬，要想在上面刻字难度惊人。宝石工匠从钻石上磨下一些极细的

◎ "沙赫"钻石

◎叶卡捷琳娜二世大王冠

粉末，再用尖尖的细棍蘸取这种粉末给这颗钻石刻字。3 次刻字之后，"沙赫"的重量从发现时的 95 克拉变为 88.7 克拉。1829 年，俄国驻波斯大使被人刺死，沙皇威胁要报复。为了平息沙皇的怒火，波斯王子霍斯列夫·密尔查率代表团到圣彼得堡谢罪。王子送给沙皇一件宝物，就是这颗饱经沧桑的"沙赫"。它的价值在当时看来相当于两个国家之间的一场战争。此后，"沙赫"一直保存在俄国。

单颗巨大钻石已经令世人惊叹，由几千颗钻石镶嵌成的流光溢彩的大皇冠简直是钻石的荟萃。它是 1762 年由宫廷珠宝匠为叶卡捷琳娜二世加冕而专门制作的，上面十几颗最重要的钻石分别是从当时欧洲国王的王冠上拆下来的。工匠在皇冠上镶嵌了 4936 颗钻石，共重 2858 克拉，整个王冠重 1907 克。皇冠顶端是世界上最重的尖晶石，重 398.72 克拉。长期以来宝石专家都认为这是一颗红宝石，后来才发现原来是稀有的尖晶石。目前这颗尖晶石是俄罗斯"必须保护的七颗宝石"之一。

钻石库的珍宝现在已经无法用市场价格来衡量，它成为俄罗斯国家财富的象征，但即便是皇室珍宝，也有流离坎坷的时候。1914 年第一次世界大战爆发后，沙皇立即下令把这些珍宝从东宫转移到莫斯科克里姆林宫。在转移途中，由于走漏消息，有很大一部分珠宝流失。据一种说法，大约 75% 的零散钻石和宝石流入民间。

保留下来的钻石库在克里姆林宫的地下室里尘封了 8 年。1922 年苏联国家委员会对这些珍宝作了鉴定，并决定由国家珍宝馆保存，现在由俄罗斯国家贵重金属宝石管理委员会管理。虽然遗失了不少珍宝，但钻石库里还有 25300 多克拉的钻石、1700 克拉大颗粒蓝宝石、2600 克拉小粒蓝宝石、2600 克拉红宝石和许多又大又圆的优质精美珍珠。

伊凡雷帝的书库

　　位于俄罗斯首都莫斯科的克里姆林宫在世界建筑群中堪称是一颗闪亮的明珠，它始建于 1156 年。据说它的地下宝藏就是从那时积累起来的。一些科学家们也确信，在克里姆林宫地下宝藏中隐藏着在若干个世纪中遗失或隐藏的财宝。但遗憾的是，克里姆林宫的地下宝藏至今也没有显现在人们眼前。

　　20 世纪 30 年代，在斯大林的号召下，为了反对宗教，克里姆林宫的一座修道院被夷为平地。在拆毁修道院时，人们发现了埋藏在地下的 17 世纪的金

◎克里姆林宫

◎克里姆林宫

高脚酒杯。随后装修克里姆林宫时，又发现了13世纪的珠宝、15世纪的军火、16和17世纪的3千多枚硬币。难道这些就是传说中的地下宝藏？就只有这一点点？提起克里姆林宫的地下宝藏，人们更关心的是伊凡雷帝的书库到底有多少藏书。

1533年，年仅3岁的伊凡雷帝即位。1547年1月19日，举行了隆重的加冕仪式。他在位期间，颁布了一系列新法，改革地方行政制度和军事机构，对以前加封的封邑公爵、世爵封建主、大贵族进行镇压，"雷帝"的称号由此而来。他的改革，为巩固中央集权国家的专制统治起了重要的作用。他的书库是从祖父莫斯科大公伊凡三世和祖母索菲娅·帕妮奥洛克丝那里继承来的。索菲娅是东罗马帝国的末代皇帝康士坦丁鲁斯十一世的侄女，她离开东罗马时，从帝国的皇家图书馆带走了不少珍贵的书籍。伊凡三世曾托付马克西姆·克里柯将所藏的图书编个目录，而编目工作是否完成了，那些书籍究竟藏在克里姆林宫的什么地方，外人无从知晓。16世纪的文献《里波利亚年代记》中有这样的描述："德国神父魏特迈曾见过伊凡雷帝的藏书，它占据了伊凡雷帝书库地下室的两个房间。"可奇怪的是，其他文献资料中却没有有关伊凡雷帝书库的记载。

19世纪末，克里姆林宫古玩器类权威、历史学家扎贝林，曾听一位官员说，他在造币厂的文书保管所里见过一本奇怪的书，书中的记载是好多年以前的事。其中有这样一件事：1724年，彼得大帝决定迁都彼得堡，把莫斯科作为陪都。这年12月，一个在教会工作的名叫奥希波夫的人来到彼得堡，向财务管理部门提交一份报告，谈到莫斯科克里姆林宫的地下有两个秘密房间，房间的铁门上贴了封条，还加了大锁，里面好像放了许多大箱子。那时，有关部门立即着手调查，但很快被制止。9 年后，奥希波夫再次请求调查，尽管全力以赴，仍没有发现什么迹象。苏联科学院的索伯列夫斯基院士认为，奥希波夫虽然失败了，但不能断言伊凡雷帝书库就不存在。

现在，对书库有如下几种说法：有人说，这些书全部被移到莫斯科大主教的图书馆里，后来又散失了；有人说，克里姆林宫发生火灾时，这些书可能被烧毁了；有人说，书还存放在克里姆林宫城下，还需要进一步探索。也许随着时间的推移，伊凡雷帝书库之谜就会真相大白。

神圣的黄金约柜

耶路撒冷坐落在地中海东岸的巴勒斯坦中部，最早叫"耶布斯"。传说，在公元前 2000 年左右，一个名为"耶布斯"的部落首先来这里筑城定居的。后来，另一个叫迦南的部落也来到了这里。他们把这个城市叫作"尤罗萨利姆"，意思就是"和平之城"。

犹太人把迦南人所起的城名希伯来语化，叫作"犹罗萨拉姆"。汉语译为"耶路撒冷"。阿拉伯人则习惯把耶路撒冷叫作"古德斯"，也就是"圣城"的意思。把耶路撒冷建成一座名副其实

◎黄金约柜复原图

的都城的人，是大卫王的儿子所罗门王。他在耶路撒冷大兴土木，建造了一系列的城市建筑，其中最著名的就是建在锡安山上的那座巨大的犹太教圣殿。这

◎耶路撒冷圣殿山

座圣殿长 200 多米，宽 100 多米，周围筑了一道石墙，前后用了 7 年的时间才建成。相传，犹太教最为珍贵的圣物"黄金约柜"和"西奈法典"就放在圣殿的圣堂里。除了犹太教的最高长老（即祭司长）有权每年一次进入圣堂，探视圣物外，其他任何人不得进入圣堂。这座圣殿成了犹太人心目中的圣地。从此，犹太教徒也开始把耶路撒冷视为自己的圣城。

传说"黄金约柜"里装着以色列人最崇拜的上帝耶和华的圣谕。这是当年摩西在西奈山顶上得到的。据说上帝还授予摩西一套法典和教规，要以色列人时时事事都要遵守照办。摩西得到圣谕和"西奈法典"后，让两个能工巧匠用黄金特制了一个金柜，将圣谕和"西奈法典"放在里面。这就是"黄金约柜"的由来。所罗门死后，犹太王国分裂成两个国家。以耶路撒冷为中心的南方仍由所罗门的后代继续统治，叫犹太国。北方则另立王朝，叫作以色列。由于以色列没有宗教中心，祭司们都到耶路撒冷的犹太圣殿献祭，教民们也仍然到这里朝圣，因为唯一的圣物——"黄金约柜"仍在这里。到了公元前 590 年，新巴比伦王尼布甲尼撒二世第二次进兵犹太，耶路撒冷在被困了三年以后，终于在公元前 586 年被巴比伦军队攻占，王宫和圣殿全被烧毁，大批的犹太人被押送并囚禁到巴比伦。从此，无价之宝"典黄金约柜"和"所罗门财宝"下落不明。

最早开始寻找"黄金约柜"的是以色列的一个长老耶利来。耶利来在耶路撒冷被陷时，由于躲了起来，没有被巴比伦人抓走。当巴比伦人撤走之后，他来到圣殿的废墟，想找到"黄金约柜"，把它偷出耶路撒冷藏起来。耶利来在夷为平地的圣殿废墟里，看见了著名的"亚伯拉罕巨石"，据说"黄金约柜"当初就放在这块巨石之上，但耶利来却没有发现它。

有一些学者认为，"黄金约柜"同"所罗门财宝"一起被藏在"亚伯拉罕巨石"底下的暗洞里。

"亚伯拉罕巨石"是一块长 17.7 米，宽 13.5 米的花岗岩石。它高出地面大约 1.2 米，由大理石圆柱支撑着。相传，伊斯兰教的创始人穆罕默德，由天使陪同乘天马从麦加到耶路撒冷后，就是脚踏这块巨石升天去听真主启示的。据说这块巨石上，至今还留着穆罕默德升天时的脚印。所以，"亚伯拉罕巨石"被穆斯林视为"圣石"。"圣石"下面有个岩堂，高达 30 米。而且，岩堂里确实有洞穴，完全可以把"黄金约柜"和"所罗门财宝"隐藏起来。

1867 年，有一个叫沃林的英国军官，在耶路撒冷近郊参观时，在一座清真寺的遗址中，偶然发现了一个有石梯的洞。他顺着石梯一直往下走，一直走到洞的深处。后来，他发现头顶上的岩石中还有一个圆洞。他攀着一条绳子爬进了圆洞后，又发现了一条暗道。他顺着暗道又来到另一个黑漆漆的狭窄山洞。最后，他好不容易顺着山洞走到了外边。出来一看，大吃一惊，原来，他发现自己已经站

◎耶路撒冷圆顶清真寺

在耶路撒冷城里了。学者们测定，这条秘密的地下通道建于公元前2000年左右，并推测它就是"约亚暗道"。在20世纪30年代，又有两名美国人来到暗道寻找过"黄金约柜"和"所罗门财宝"。他们在"约亚暗道"里一处土质不同的地方，发现了一条秘密地道。地道里有被沙土掩埋着的阶梯。两人想用随身带着的锹把沙土挖开，但是，阶梯上的流沙却越挖越多，连地道口也几乎被堵住了。他们慌忙逃出地道。第二天，他们下来发现，地道的入口又被流沙盖上了。

"所罗门财宝"和"黄金约柜"究竟藏在哪里？至今仍无人知晓，成为千古之谜。

迈锡尼的阿特柔斯宝库

迈锡尼文明是希腊本土第一支较为发达的文明，公元前17世纪中期至公元前12世纪盛极一时。从遗留下来的坚固城堡和丰富的金银宝藏中，人们可以窥见其强盛和富裕。他们曾向外扩张，侵入小亚细亚西南沿海一带，特洛伊战争正是迈锡尼人与特洛伊人争夺海上霸权的一场交锋。迈锡尼虽然取得了特洛伊战争的胜利，但不久便被南下的强悍民族多利亚人所征服，从此迈锡尼文明急剧衰亡，希腊倒退到没有文字记载的史前社会。迈锡尼文明也逐渐被人们淡忘，唯有留存下来的废墟孤独地立于夕阳余晖下，默忆着那曾经有过的辉煌……

浪漫而幸运的施里曼在成功发掘特洛伊后，把目光转向了荷马史诗中描绘的那个"多金的"国度——迈锡尼。在《伊利亚特》和《奥德赛》中，荷马多次提到"人间王"阿伽门农的首都迈锡尼，而且每次提及这一城市，都要加上"多金的"这一词来形容它。在荷马的笔下，迈锡尼似乎是一座黄金遍地的城市。公元前2世纪的希腊历史学家波桑尼阿斯的游记中，也有一段关于迈锡尼的描述："在迈锡尼的一部分城墙和狮子门至今仍然留存下来。据说这城墙是独眼巨人修的。迈锡尼的废墟中有一些阿特柔斯父子所修造的地下建筑，他们

◎迈锡尼卫城的城墙遗址

的珍宝就藏在那里。还有一座阿特柔斯的陵墓，一座阿伽门农的陵墓和另外三座勇士的陵墓。这五座在墙里面，而克丽滕涅斯特拉和埃几斯托斯被葬在墙外，他们不配埋在城墙里面……"

　　关于阿伽门农的悲剧，传说中的故事是这样的：克丽滕涅斯特拉是阿伽门农的妻子，她怨恨阿伽门农在出征特洛伊时害了女儿伊菲革涅亚，于是和情夫埃几斯托斯定下毒计，决定杀了阿伽门农为女儿报仇。阿伽门农在特洛伊战争胜利后终于回到阔别已久的故土，他眼含热泪，对未来充满了美好的憧憬。可万万没有想到，死神正向他走来。克丽滕涅斯特拉听到阿伽门农到来的消息后，换上华丽的紫袍迎接丈夫的到来。当毫无戒备之心的阿伽门农及其随从在豪华的宫殿中大开宴席欢呼畅饮时，克丽滕涅斯特拉在酒菜中下了毒，阿伽门农和随从们倒地身亡。古希腊悲剧家埃斯库罗斯在他的悲剧《阿伽门农》中讲述了这个悲惨的故事。但这是否是真实的历史？若是真的话，阿伽门农的坟墓在哪里？

◎迈锡尼遗址"狮子门"

　　与发掘特洛伊不同，迈锡尼的遗址很明显，它那雄伟的防卫城墙的残迹从很远的地方就能看到。它建筑在一个高丘上，城堡的正门被称为"狮子门"。据考古证明，它建于公元前1300年左右。它的门两侧的城墙向外突出，形成一条过道，加强了城门的防御性。"狮子门"宽3.5米，高4米，门柱用整块石头制成；柱子上有一块横梁，重20吨，中间厚两边薄，形成一个弧形，巧妙地减轻了横梁的承重力。横梁上面装饰有三角形的石板，石板上雕着两只狮子，狮的前爪搭在祭台上，形成双狮拱卫之状，威风凛凛地向下俯视着。门口的阶梯也用整块的岩石铺成，上面还残留有战争的轮辙。虽然迈锡尼城堡已成废墟，但这个庄严肃穆的城门，历经3000年的风吹雨打依然巍然屹立，威风不减当年。

　　许多世纪以来，人们一直以为阿伽门农的坟墓在著名的"阿特柔斯宝库"。相传"阿特柔斯宝库"是阿特柔斯父子埋藏财宝的地方，它位于距"狮子门"

西南约 500 米的一个山谷中，一条长达 35 米的壮观的石头长廊通向这座传奇式的坟墓入口。长廊用石块精工垒砌，犹如两堵石墙。走廊的尽头是一个由巨石砌成的门，门的结构同"狮子门"相似，上面为三角形，下面为长方形，之间用重约 100 吨的巨石横梁隔开，这块巨石长 8 米，宽 5 米，高 1.2 米，比"狮子门"的横梁还重 80 吨。整个石门棱角分明、整齐，令人赞叹。

神秘的印加黄金国

印第安人流传着这样一个传说：生活在南美西北部崇山峻岭中的穆依斯克人，崇拜水和太阳。每当他们选出一个部族的最高领袖，就要在湖上举行一次祭礼。除了黄金，穆依斯克人不会开采和冶炼任何金属。因此在他们的庙宇之中往往有许多黄金制品。这也许就是所谓"黄金国"的来历。

现代一些学者认为，哥伦布之所以要进行航海，既不是为了寻找印度和中国，也不是为了证明地球是圆的，其真正的目的是为了寻找"黄金国"。这一点已被继哥伦布之后，陆续去新大陆的西班牙入侵者的行径所证实。

最早传出在南美洲有一个"黄金国"的人，正是西班牙入侵者头子弗朗西斯科·皮萨罗手下的奥尔拉纳中尉。据说，1531 年 1 月，西班牙冒险家弗朗西斯科·皮萨罗率领一支由 180 人组成的队伍，从巴拿马出航，直奔南美的印加帝国。这些西班牙人虽然数量不多，但十分凶悍，并且配备了当时最先进的火枪和大炮，还有 62 名骑兵。

当时统治印加帝国的皇帝阿塔雅尔帕对外来侵略者毫无了解，也没有采取任何防御措施。在这种情况下，皮萨罗突然袭击，俘获了阿塔雅尔帕，并向他勒索黄金。贪生怕死的阿塔雅尔帕为了保全性命，竟对皮萨罗说，如果释放他，他愿用黄金填充囚禁自己的房间，直至他举手所及的高度。这是一间 115 立方米的房间，填满它要用 40 万千克黄金。

阿塔雅尔帕的臣仆很快就送来了 5 万千克黄金，可是，皮萨罗怕皇帝自由后会组织反抗，就违背诺言，残酷地绞死了阿塔雅尔帕皇帝。正奔驰在为皇帝赎身而运送黄金路上的臣仆们听到这个消息后，迅速地把黄金藏匿起来，连预先交来的也被转移了。

随后，1533 年 11 月，皮萨罗带兵进入印加帝国首都库斯科，把那里的黄金和财宝洗劫一空。关于皮萨罗向阿塔雅尔帕勒索的巨额黄金的下落，据说被印加人夺回后，随着阿塔雅尔帕的尸体一起被藏了起来。藏宝的地点，就在今天厄瓜多尔利安加纳蒂的山中。在这沼泽密布、毒蛇野兽横行的地方，无数寻宝者进去了就再也没能出来。

贪婪本性决定了贪得无厌，也导致了皮萨罗一伙因分赃不均发生激烈的内讧。不久之后，几乎所有的首领，包括皮萨罗的 4 个兄弟以及他本人，都在内讧中或被杀死或被囚禁。但皮萨罗在南美掠夺到巨额黄金的消息，却迅速传遍整个欧洲，进一步激起了欧洲冒险家们的贪欲。

1535 年，曾经远征过印加帝国的西班牙人塞瓦斯蒂安·德·贝拉卡萨曾遇到一个印第安人。据印第安人讲，在远方有一个部落的国王，用金粉洒遍全身后，在一个圣湖里洗浴。贝拉卡萨称这个传说中的国王为"多拉都"，即"黄金人"，后来这个名字又被讹传成"爱尔拉都"，成了传说中"黄金国"的名字。

1536 年，一个名为冈萨罗·希门内斯·克萨达的西班牙人，率领一支 900 人的探险队从哥伦比亚北岸向南美内陆进发，去寻找"黄金国"。他们在印第安人齐布查族的索加莫素村内，看到一座太阳神庙，庙里存放着齐布查族酋长的木乃伊，身上覆盖着黄金饰物。

齐布查人对克萨达说，这些黄金是用食盐向另一个印第安国交换来的。他们还说，那里有个叫瓜地维塔的湖，在湖上每年都有一次神奇的仪式举行，那就是黄金人庆祝大典。庆典时，那里的国王全身洒满金粉，戴上黄金饰品，乘坐木筏，从湖岸出发。周围的族人燃起野火，奏起乐器，国王便跃入湖中，把身上的金粉一洗而净，祭司和贵族们也同时向湖中投入贵重的金饰，献给太阳神。

据说，1532 年，由于西班牙人的入侵，印加人带着他们的宝藏四处逃亡，最后他们来到了一个小城，印加人叫它帕依提提。后来西班牙人把这座神秘的

◎古印加帕依提提遗址

古城称之为"理想中的黄金国"。一名有波兰和意大利双重血统、曾在1996年探寻出亚马孙河真正源头的著名探险家巴克维兹近日声称，传说中藏有印加宝藏的帕依提提古城，应该位于古印加帝国首都库斯科北部约105千米处，那里属于亚马孙河未被开发的马德雷德迪奥斯河谷。他表示，传说中的印加宝藏可能埋藏在秘鲁亚马孙河底里的隧道和洞穴中。但有17世纪的文件表明，帕依提提更有可能是陆地和高山。最近在一个耶稣团体的关于罗马人的档案中，发现了一份16世纪的手抄文稿，上面把帕依提提王国形容成一个到处堆积着金银珠宝和各种各样珍贵石头的国家。这份古文件称，这个宝藏在16世纪末被基督教传教士发现。但巴克维兹相信，梵蒂冈因为害怕会造成歇斯底里的"淘金热"，并没有对外宣布它的位置。

自1984年起主持过各种有关帕依提提古城研究计划的波士顿人类学家哥科里认为，整个关于印加人选库斯科并在那里埋下了宝藏的说法，只是一个传说，并没有可靠的证据可以支持。反观住在高地的印加人所面临的不可克服的气候和疾病（如黑热病）问题，就可以推翻他们曾在那里埋下宝藏的假设。"黄金国"究竟在哪里，恐怕一时也难以弄清楚。

"百门之都"：底比斯

在公元前14世纪中叶的古埃及新王国时期，尼罗河中游，曾经雄踞着一座当时世界上无与伦比的都城。这就是被古希腊大诗人荷马称为"百门之都"的底比斯。从公元前2134年左右，埃及第十一王朝法老孟苏好代布兴建底比斯作为都城，到公元前27年，底比斯被一场大地震彻底摧毁为止，2000多年的漫长岁月里，底比斯在古埃及的发展史上始终起着重要作用。

但后世人对它感兴趣，不仅仅在于底比斯是埃及法老们生前的都城，也是法老们死后的冥府。底比斯横跨尼罗河两岸，位于现今埃及首都开罗南面700多千米处，底比斯的右岸，也叫东岸，是当时古埃及的宗教、政治中心。底比

◎埃及底比斯

斯的左岸，也叫西岸，是法老们死后的安息之地。底比斯在埃及古王国时期，是一个并不出名也不大的商道中心。通往西奈半岛和彭特的水路，通往努比亚的陆路，都要经过底比斯。底比斯的兴盛是跟阿蒙神联系在一起的。法老孟苏好代布把首都定在底比斯后，又将阿蒙神奉为"诸神之王"，成了全埃及最高的神，从此开始在底比斯为阿蒙神大兴土木。底比斯在古埃及历史上的重要地位就这样被奠定了下来。

到了公元前2000年左右，虽然第十二王朝的开创者门内姆哈特一世曾把首都从底比斯迁到孟菲斯附近的李斯特，但在底比斯仍然为阿蒙神继续兴建纪念性建造物。从公元前1790年到公元前1600年左右，古王国遭到了外族喜克索斯人的入侵。喜克索斯人征服了大半个埃及，最后定都阿瓦利斯，建立了第十五王朝和第十六王朝。底比斯经历了第一次衰落。

埃及人阿赫摩斯一世又在底比斯建立了第十七王朝，并在公元前1580年左右攻占了阿瓦利斯城，把喜克索斯人赶出了埃及，开创了古埃及新王国时代。

新王国时期的法老们再次选定底比斯作为埃及的宗教、政治中心。他们发动了一系列侵略战争，掠取了大量财富和战俘，并把底比斯建成为当时世界上最显赫宏伟的都城。他们在东底比斯为阿蒙神和他们自己建起了一座座壮观的神庙和宫殿。

完成于拉美西斯二世的底比斯阿蒙神庙主殿，总面积达 5000 平方米，有 134 根圆柱，中间最高的 12 根大圆柱高达 21 米，每根柱顶上可以容纳 100 多人，规模真是大极了，为世界所罕见。另外，像路克索尔寺院、拉美西斯二世宫殿、阿蒙诺斐斯三世寺院等等，也都十分庄严宏伟。与此同时，他们又在西底比斯修建了一系列工程浩大的陵墓，其中尤以著名的拉美西斯二世墓和图坦卡蒙墓最为豪华。

但是，鉴于往昔兴建起来的金字塔陵墓太引人注目，虽然防范措施严密，还是未能逃脱盗墓者的侵袭。于是法老们经过反复琢磨，决定不再建造巍然屹立的金字塔陵墓，而是把荒山作为天然金字塔，沿着山坡的侧面开凿地道，修建豪华的地下陵寝。

在西底比斯一个不显眼却又盛产建筑材料石灰岩的山谷里，法老和权贵们为自己修造了一座座陵墓。这个山谷被后人称之为"帝王谷"。

在很长一个时期里，"帝王谷"没有被人发现。但是，随着岁月的推移，这里的陵墓还是神不知鬼不觉地被盗墓者洗劫一空。不过，有一座法老的陵墓却奇迹般地逃脱了厄运，静悄悄地沉睡了 3300 多年，直到 1922 年才被英国考古学家卡特博士发现。这就是我们在前边提到过的法老图坦卡蒙墓。图坦卡蒙墓之所以能在几千年里没有被人发现，

◎底比斯卡纳克神庙

◎帝王谷

是因为在这座墓的上层，又有许多其他法老的墓，而在地面上贫民们又盖上了许多茅舍。图坦卡蒙的三间墓室里还发现了数不胜数的金银财宝。如果把这些财宝折合成现在的货币至少也有数百亿美元！新王国时期埃及法老们的豪华由此也就可见一斑了。

到公元19世纪，只留下一堆废墟的底比斯，成了古墓盗劫者的乐园。在现今埃及的卢克索和卡纳克一带，人们还能见到底比斯遗址的一些断垣残壁。

黄金的故乡：俄斐

当来自俄斐的示巴女王来到耶路撒冷觐见所罗门王时，她被要求带上了"大量财宝：黄金、宝石"。据记载：俄斐的金矿是所罗门王难以置信的财富的源泉。

俄斐与东南非洲开始交往时，在东南非洲海岸的港口从事贸易的阿拉伯人开始购买黄金。这批黄金也就找到了从非洲内地到海外的出口途径。

可是这个遍地是黄金的城究竟在非洲的什么地方呢？数个世纪以来，人们一直想知道俄斐城的准确位置。岁月无情地流逝，欧洲人在非洲沿海地区进行勘测、贸易和垄断，直到 19 世纪中期，欧洲人才仅仅从海岸向内地蚕食。他们对非洲内地的地理知识知之甚少。在他们的眼中，非洲是片"黑暗的大陆"，当时的非洲人被看成是原始的、尚未开化的民族。1871 年，随着一个叫卡尔·莫克的德国人的到来，非洲黄金之城的秘密也渐渐被揭开。这个自幼就立志到非洲探险的德国人历尽千辛万苦，最后在林波波河的南岸，最先找到了黄金、钻石矿藏的矿脉。后来在林波波河北面一个叫马绍那的地方，发现了一个废墟遗址：包括一个小山丘、一座塔以及山顶上的一个圆形大围场。卡尔坚信，这就是盛产黄金宝石的俄斐，他把它重新命名为"津巴布韦"。《圣经》上说过：示巴女王曾经到过所罗门王的宫殿，所罗门王用黎巴嫩的檀香木建筑他的宫殿。而卡尔发现，废墟建筑物的大门所用的就是檀香木。至于山顶所发现的那个圆形围场，卡尔认为一定是示巴女王模仿所罗门王的宫殿建造的！

但是除此之外，卡尔并没有发现示巴女王的任何宝藏遗迹。1872 年 3 月，卡尔离开非洲回到欧洲，俄斐被发现的消息也迅速传遍了欧洲。后来数十年，探险家、寻宝者接踵而来，卡尔发现的这个小山丘废墟成为考古学上的一个热门话题。1899 年，这个津巴布韦，连同整个马绍那，都掌握在一位英国金融家塞西尔·罗得斯手里，后来他在这里建立了一个叫作罗得西亚的殖民地，继续着津巴布韦的考古工作。虽然欧洲人愿意接受津巴布韦就是《圣经》上描绘的那个遍地黄金的俄斐，但他们并不认为津巴布韦是来到非洲的腓尼基人所建，而是由埃及法老宫廷的流放者所建，或是由从北非来的阿拉伯人所建，或是由《圣经》中提到的流失的以色列部落所建，或是由海难中的北欧海盗所建。

欧洲人在非洲的领土攫取、传教热情、商业冒险主要都是基于一种看法：他们认为当时的非洲人"低人一等"，他们的愿望可以被忽视，他们需要"较开化"的文明来"指引"。那时，多数欧洲人认为，撒哈拉沙漠以南的非洲人总是住

◎示巴女王会见所罗门王的油画

在泥土茅屋里——这是原始的象征。而此时此刻所考察到的非洲文明具有如此高度的组织性和创造性，他们怎么会相信这就是非洲呢？

事实上，现代考古学家们发现：津巴布韦是一个强大的非洲国家的中心，这个中心曾支配着津巴布韦高原—— 一片富饶的丘陵地带，南边有林波波河，北边有赞比亚河。津巴布韦高原以西是一大片起伏的平原，这平原越来越干旱，最后成了非洲西南部的卡拉哈里沙漠。向东，一片低洼的平原构成津巴布韦高原与印度洋的分界线。早期的马绍那人发现津巴布韦高原是一个适合人居住的地方。气候温和，雨量充沛，无边的草地提供了广阔的牧场，牛羊成了交换日常用品的中间物。该地区盛产铜、铁、锡，还有黄金，而黄金很快成了这高原的主要出口物。到公元9世纪时，贸易已成体系，黄金从津巴布韦的东边流到非洲和阿拉伯商人的手里。这些商人活跃在当今的肯尼亚到莫桑比克的非洲沿海港口，用黄金换回世界其他地区的产品，然后西运到非洲内地。在津巴布韦，考古学家已经发现东非基尔瓦港口的古市、中国的陶瓷器物、印度的珍珠、伊

◎大津巴布韦遗址

朗的地毯。

直到 1970 年，罗得西亚的一位官方考古学家不得不认输，承认了这桩考古事实：津巴布韦文明属于非洲！10 年后，罗得西亚独立，一切权利归于占绝大多数的黑人。这个国家自豪地取名为津巴布韦，成为世界上第一个以考古遗址命名的国家。这名字是马绍那语的英语形式，意思是"望族"。

黄金贸易给以放牧为生的津巴布韦高原人带来了财富，大约在 1250 年，津巴布韦向莫桑比克沿岸贸易港口源源不断供应黄金，此时的津巴布韦达到了它的鼎盛期，这种状况一直持续了两三百年。今天仍然矗立的大型石艺建筑群就是那段时间修建的。津巴布韦高原有许多裸露地面的花岗岩，马绍那人加工花岗石的工艺非同一般：他们利用昼夜温差使花岗石自然地裂成薄片；他们知道在花岗石上生火，加快裂纹的生成，然后用冷水浸泼，岩石的薄片就很容易分开；他们还用楔子打进裂缝，使花岗岩成为石片。巴绍那人还发明了一种建筑艺术，这种艺术非常适合于使用这样的花岗石片，建筑上的一些设计与今天许多南部非洲人在自己家的墙上所作的图案十分相似。

马绍那人不使用象形文字。因为没有档案记载，考古学家不能确切知道各类建筑物的用途是什么，津巴布韦人的日常生活怎么样。20 世纪 70 年代搜集的证据揭示，曾经有多达 18 万人居住在津巴布韦的山顶上。一位历史学家指出，津巴布韦人的生活属于"城市型"，但还是有一些下层人士的生活区，那里拥挤、喧闹、充满煤烟——那是成千上万人的家庭煮饭时冒出的煤烟。津巴布韦有众多的能工巧匠，他们把这些原材料制成各种各样的物品。他们制造铁枪铁炮、金铜饰物；制造陶器，并绘上图案；他们把平滑光亮的皂石雕刻成石碟和石像。考古学家们还发现了大量的编制工具，说明大津巴布韦有着发达的纺织业，不过，这个国家的经济基础仍然是散布在农村的畜牧业和金矿开采业。在农闲季节，农村地区的牧民和农民可能都会到矿山劳动。

大约 1450 年，大津巴布韦开始衰败。可能是因为与敌国的战争；也可能是因为人口增长，造成的食物、燃料短缺和牧地匮乏。到了 16 世纪，葡萄牙人开始在沿海港口作邮购贸易，使黄金贸易受到挫折，大津巴布韦的地位每况愈下，马绍那政权的中心迁至他地。数百年中，西南非洲在欧洲人、沿海地区的史瓦希里人、非洲内地的马绍那人以及其他地区的人之间的冲突中备受苦难！逐渐地，津巴布韦被人们所遗忘，只有建造津巴布韦古城的人的后裔，仍然生活在它的印迹里。

路易十六丢失的珍宝

1774 年路易十六登上法国国王宝座时，法国封建制度已危机四伏，新兴资产阶级对束缚资本主义生产关系发展的专制政体日益不满。国内政局动荡，社会极为不稳定。但就是在这种情况下，路易十六仍然四处搜刮金银财宝，过着十分豪华的生活，这激怒了资产阶级和广大人民群众。

◎法王路易十六

1789 年，由于路易十六召开等级议会，要第三等级，即资产阶级和平民交纳更多的赋税，从而引发了资产阶级革命。路易十六极为无能，传说当 1789 年 7 月 12 日人民群众攻克巴士底狱，路易十六尚不得知，直到晚上休息时，仍在日记上写下：7 月 12 日，天晴，平安无事。

迫于无奈，路易十六表面上接受立宪政体，实则力图绞杀革命。1791 年 6 月他逃到法国瓦伦，被群众押回巴黎，9 月被迫签署宪法，但仍阴谋复辟。1792 年 9 月路易十六被正式废黜，次年 1 月被处死在巴黎革命广场（即今协和广场）。路易十六的宝藏是寻宝史上最著名的财宝之一。关于他的财宝众说纷纭，莫衷一是。至于藏宝地点至少有十几个地方，有的甚至不在法国，而在西班牙。据说，他在行宫卢浮宫曾埋藏着一笔价值 20 亿法郎的财宝，包括金币、银币和一些价值连城的文物。不过，流传最广的还是路易十六隐藏在"泰莱马克"号船上的财宝。"泰莱马克"号是一艘吨位达 130 吨，长 26 米的双桅横帆船。这艘船伪装成商用船由阿德里安·凯曼船长驾驶。1790 年 1 月 3 日，满载财宝的"泰莱马克"号在经塞纳河从法国里昂去英国伦敦途中，在法国瓦尔市的基尔伯夫河下游被潮水冲断缆绳出事沉没。

"泰莱马克"号由一艘双桅纵帆船护航，在港口受到革命者检查时，曾交出一套皇家银器。船上隐藏着路易十六的一批金宝和玛丽·安托瓦内特王后的钻石项链。据相关人士透露，这艘船上的财宝包括以下东西：属于国王路易十六的 250 万法国古斤黄金；王后玛丽的一副价值为 150 万法国古斤黄金的钻石项链；金银制品有朱米埃热修道院和圣马丁·德·博斯维尔修道院的祭典圣器；50 万金路易法郎；5 名修道院院长和 30 名流亡大贵族的私财。

这些财宝的确存在，毫不夸张，这已得到路易十六的心腹和朱米埃热修道院一名修道士的证实。一些历史文献和路易十六家仆的一位后裔也认为，路易十六当年的确把这笔财宝藏在船上企图转移出国。据说，"泰莱马克"号沉没在基尔伯夫河下游瓦尔市灯塔前 17 米深的河底淤泥里。1830 年和 1850 年，人们都争先恐后地企图打捞这艘沉舟。但是，在打捞作业中，缆绳都断了，结果沉舟重新沉没到水底。1939 年，一些寻宝者声称他们已找到了"泰莱马克"号沉舟的残骸，但没有确切证据表明他们找到的就是"泰莱马克"号。要找到路易十六的财宝绝不是一件轻而易举之事。

拿破仑席卷的战利品

1812 年 5 月，法国皇帝拿破仑率领 50 万大军对俄国进行远征，并于同年 9 月 14 日占领莫斯科。此时的莫斯科几乎是座空城了，大部分居民已随俄军撤退，近 20 万人口的城市剩下的还不到 10000 人。当天晚上，城内有几处起火，后又蔓延成大火，整整持续了 6 天 6 夜。

饥饿和严寒威胁着法军。由于战线拉得很长，交通运输常遭袭击，粮食和弹药供应不上，而俄皇亚历山大一世又不接受和谈，在这种情况下，拿破仑不得不放弃刚占领不久的莫斯科，于 10 月 19 日向西南缓慢后撤，沿途不断受到俄军和农民游击队的阻击。就在这个时候，法军庞大的辎重队中 25 辆装满了在莫斯科掠夺的战利品的马车突然失踪了。自那时起，一个半世纪以来，拿破仑的这批战利品究竟隐藏在哪儿，就成了鲜为人知的谜。

一位名叫尤·勃可莫罗夫的苏联学者，他虽不是研究历史的，但在阅读英国历史小说家瓦·斯戈特所著的《法国皇帝拿破仑·波拿巴的生涯》一书时，对其中的一些情节很感兴趣："11 月 1 日，皇帝继续痛苦地退却。他在禁卫军的护卫下，踏上了向斯摩棱斯克的道路。由于担心途中会遭到俄军的阻截，所

◎拿破仑画像

以应尽快往后撤。"

"因感到目前处境的危险，拿破仑深知在莫斯科所掠夺的古代的武器、大炮、伊凡大帝纪念塔上的大十字架、克里姆林宫中的珍贵物品、教堂的装饰品以及绘画和雕像等已无法带走，但又不甘心让俄军夺去，所以就命令将这些东西沉入萨姆廖玻的湖里。"

瓦·斯戈特是一位注重史实的作家。他这本书的完成和出版是在1831—1832年之间，离拿破仑远征莫斯科仅隔20年，时间不算很长。勃可莫罗夫由此认为，在那些曾参加了这次远征的人的手记或回忆录中应对这件事有所涉及，于是决定要查阅一下与拿破仑同时代的人是否提到有关战利品的情况。

拿破仑在败退时，曾和两名亲信乘着雪橇往西疾驰。其中一人名叫阿伦·德·哥朗格尔·勃可莫罗夫，他的回忆中有这样一段话："11月1日，拿破仑从比亚吉玛退走。11月2日，我们来到了萨姆廖玻。第三天，到达斯拉普柯布。在这里，我们遇到大雪的侵袭……"

哥朗格尔说拿破仑曾到过萨姆廖玻，斯戈特也说拿破仑将战利品沉入萨姆廖玻的湖中。两者提供的日期和地点是完全相符的。

后来，勃可莫罗夫还参阅了一些俄国人、英国人和法国人所记述的有关这方面的材料，一致认为拿破仑于1812年11月2日把从莫斯科掠夺的战利品扔进了萨姆廖玻的湖中。

但这样的事情，法国士兵会不会泄漏给俄国人呢？显然是不可能的。再说，即使居民知道法国皇帝这个秘密，大概也只能望湖兴叹。试想，在因战争而荒芜的小村子里，又有什么工具能把湖底的东西打捞上来呢？所以，勃可莫罗夫深信，如果战利品确实沉入了湖里，那它现在应还沉睡在不为人知的某个地方。这个地方是哪儿？这个湖又在何处？勃可莫罗夫在列宁图书馆花了大量时间进行查阅，几乎翻遍了所有的地图。但令人感到失望的是，在比亚吉玛、萨姆廖玻一带并没有什么湖。后来，他给苏联科学院地理研究所去了信，对方答复说："在比亚吉玛西南 29 千米的沼泽地有条叫萨姆廖夫卡的河。那块沼泽地也是以这个名字命名的。"离开比亚吉玛 29 千米的沼泽地，拿破仑 11 月 1 日在比亚吉玛，第二天来到萨姆廖玻……这样看来，随着岁月的推移，这条湖有可能是变成沼泽地了。

◎拿破仑在弗里德兰战役

那么 100 多年来，是否有人对这块地方进行过探索呢？勃可莫罗夫虽然查阅了许多资料，但收获甚微。后来，他给有关机构发了信，询问这方面的情况。大部分的回答是无可奉告，只有斯摩棱斯克地方政府内政管理局记录保存室提供了一点材料：1835 年，根据斯摩棱斯克地区长官的命令，夏瓦列巴奇中校率领工兵部队曾对这个湖进行勘查。他们先测量了湖水的深度，在离水面 5 米左右深的地方，有堆像岩石般的堆积物，铅锥碰上去，似乎听到一种金属的声音。地区长官向国务大臣报告，国务大臣又呈报给沙皇。尼古拉一世拨款 4000 卢布，用来建立围堰，以便把水抽干。后来，围堰完成了，水也抽干了，但呈现在眼前的仅是一堆岩石。搜寻就此就中止了。

在 1911 年，根据克勒托诺娃公主和比亚吉玛地方的一些志愿者的要求，也曾进行过探索，但还是毫无结果。

综上所述，关于拿破仑的战利品突然失踪的问题，仍有待于人们的研究和发掘。

 ## 慈禧的随葬珍宝

同治十二年（1873 年），慈禧的陵寝即在清东陵兴建。光绪五年（1879 年）六月，慈安与慈禧两陵同时竣工。由于慈禧的陵墓不及慈安陵墓豪华、自光绪二十年始，直至她病亡，历时 14 年又花巨资，进行了拆修、重建，终于使其陵寝成为清代帝王中最豪华，最富丽堂皇的陵寝。光绪三十四年（1908 年），慈禧死后，清王朝对她实行了厚葬，将大量奇珍异宝葬入地宫，其价值可以说是世界上任何帝王都无法相比的。那么，慈禧随葬珍

◎慈禧太后

◎清东陵慈禧墓

宝究竟有多少呢?

　　一种记载出自清官档案,按"内务府簿册"载,殓入棺中珠宝玉器有:正珠、东珠、红碧、绿玉、珊瑚寿字、珊瑚喜字、珊瑚雕螭虎、龙眼菩提等朝珠;大正珠、正珠、东珠、红碧、绿玉、珊瑚圆寿字等念珠;绿玉兜兜练;正珠挂纽;金镶正珠、金镶各色真石珠、金镶珠石、金镶各色真石、白钻石葫芦;金镶红碧正珠、金镶藤、镀金点翠穿珠珊瑚龙头、白玉镶各色真石福寿、绿玉镯;正珠、东珠、金镶正珠龙头等软镯;绿玉、茶晶、白玉皮、玛瑙等烟壶;洋金镶白钻石、洋金镶珠带别针等小表;洋金镶白钻石宝桃式大蚌珠、白玉鱼蚌珠、白玉羚羊等别子;白玉透雕活环葫芦、绿玉透雕活环、珊瑚鱼等佩;汉玉珞、汉玉仙人、汉玉洗器;白玉猫、黄玉杵、汉玉针、汉玉羚羊、雕绿玉扳指;蓝宝石、红碧、紫宝石、祖母绿、茄珠、大小正珠、绿玉、蚌珠、绿玉镶红碧亚等抱头莲;珊瑚绿玉金镶红白钻石等蝙蝠;金镶红白钻石蜻蜓;金镶白钻蜂;红碧、绿玉穿珠菊花;金镶各色珠石万代福寿;金镶钻石等冠口;金翠珠玉等佛手簪;红碧劲、绿玉、珊瑚、红蓝宝石、红白钻石、祖母绿等镏；黄宝石、钻石、红碧、白钻石、大正珠等帽花。

另一种记载出自《爱月轩笔记》，作者为慈禧最宠信的大太监李莲英的侄儿。当年李莲英亲自参加慈禧殓葬仪式，该书记录得比较详尽。据《爱月轩笔记》记载：慈禧尸体入棺前，先在棺底铺上一层金丝镶珠宝锦褥，厚22厘米，上面镶着大小珍珠12604颗，红蓝宝石85块，祖母绿2块，碧玺、白玉203块，在锦褥上又盖上绣满荷花的丝褥一层。上面铺五分重圆珠一层，共计2400粒。圆珠上又铺绣佛串珠薄褥一套，褥上有二分珠1300粒。慈禧尸体入殓前，先在头部放置一个翠荷叶。荷叶满绿，为天然长就，叶筋非人工雕成，甚为珍贵。脚下置碧金玺大莲花，系粉红色，荧光夺目，世上罕见。慈禧尸体入棺后，头顶荷花，脚蹬莲花，寓意"步步生莲"，祈盼亡灵早日进入西方乐土。

以上两种记载，都有根有据。孰是孰非，哪种记载可靠，至今没有定论。

沙皇埋藏的黄金

俄国"十月革命"胜利之后，沙俄海军上将阿历克赛·瓦西里维奇·哥萨克率领一支部队，护送着一列28节车厢的装甲列车，从鄂木斯克沿西伯利亚大铁路向中国东北边境撤退。就在这趟戒备森严的列车上装载着沙

◎沙皇尼古拉二世及其一家

皇的500吨黄金。这批黄金都是沙皇从民间搜刮来的民脂民膏。这队人马经过3个月的艰难跋涉，来到了贝加尔湖的湖畔，由于饥寒交迫，有许多人死去了。哥萨克将军发现铁路已被彻底破坏，无法通行，只好命令部队改乘雪橇穿过贝

加尔湖去中国边境。冰面上积了厚厚的雪，在刺入肌骨的暴风雪之中，500 吨黄金装上了雪橇，在武装人员的押送下，雪橇在 80 千米宽的湖面上像蜗牛一样前进。贝加尔湖面上的冰突然出现了裂缝。据说，哥萨克的所有部队和 500 吨黄金全都沉入了水深 100 多米的湖底。

事情过去 18 年之后，有一个生活在美国的沙俄军官斯拉夫·贝克达诺夫公开了身份，并对人讲："沙皇的这批财宝并没有沉入贝加尔湖，早在大部队抵达伊尔库茨克之前就已经被转移走，并且早已被秘密埋藏了起来。因为当时的形势已很明朗了，大部队不可能撤退

◎西伯利亚贝加尔湖进行探测的 Mir-2 迷你潜艇

到满洲，不论从哪个方面来考虑，最好的做法就是把这笔黄金秘密埋在一个地方。当时我跟一个名叫德兰柯维奇的军官奉命负责指挥了这次埋藏黄金的行动。我俩带上 45 个士兵，把黄金转移出来之后，就把它们埋在了一座已倒塌的教堂的地下室里。这事办完之后，我们把这 45 名士兵带到一个采石场上，我和德兰柯维奇用机枪把他们统统枪决了。在返回的路上，我发现德兰柯维奇想暗算我，于是，我抢先一步掏出手枪把他打死了。这 46 个人的死亡根本不会引起注意，因为当时每天都要失踪 100 多人。就这样，我成了现在唯一掌握沙皇金宝秘密的知情人。"

1959 年，贝克达诺夫曾利用一次大赦的机会返回苏联，并在马格尼托哥尔斯克碰上了在美国加利福尼亚时认识的美国工程师。此人始终没有透露真实姓名，他只用假名，叫约翰·史密斯。史密斯了解贝克达诺夫的情况，建议他共同去当年埋藏沙皇金宝的地方。于是他们在一个名叫达妮娅的年轻姑娘的陪伴下，一起来到了离西伯利亚大铁路 3 千米处原教堂的地下室，找到了仍然完

好无损的沙皇金宝。他们取走了部分黄金。随后，当他们开着吉普车，正要闯过格鲁吉亚边境时，突然一阵密集的子弹扫来，在弹雨之中，贝克达诺夫被当场打死，而史密斯和达妮娅则扔下车子和黄金，惊恐万分地逃出了苏联。如今，这批沙皇金宝的线索又断了。假如500吨黄金确实没有沉入贝加尔湖底，但要找到它，还需要史密斯或达妮娅出来证实才能揭开谜底。

 # 日本幕府的藏金

当今日本藏金规模之最当数赤诚山，据说它的黄金埋藏量高达400万两，相当于现在的100兆日元（兆在古代指1万亿），而1987年日本的国家预算也不过54兆日元。

赤诚山珍藏黄金是1860年的事。当时正值日本德川幕府统治末期，世界的金银兑换率为1∶15，而日本仅1∶3，国内存在黄金大量外流的现象。为了阻止这种消极现象，也为了储备财产以利于军备，"大老"（幕府常设的最高执政官）井伊便以储存军费为名，高度秘密地制订了埋藏黄金计划。

赤诚山被选为藏金之地。因为赤诚山是德川幕府为数不多的直辖领地之一，它属德川家族世代聚居地，易于保守机密。而且地处利根川与片品川两河之间，有连绵起伏的高山作屏障，是易守难攻的军事安全地带。当时中下级武士出身的改革派立意打倒幕府实行革新，它也是德川幕府不得已全线溃退后的最后防御之地。

1860年3月3日正当井伊秘密藏金之时，他被倒幕派武士刺死在江户（今东京）的樱田门外。他死后，属下林大学头和小栗上野介继续执行埋金计划。19世纪60年代末，德川幕府终于被倒幕派推翻，江户时代结束。1868年7月，新政府改江户为东京，明治政府上台，赤诚山藏金也就成了一个世纪之谜了。

这批作为军费而埋藏的黄金总数到底有多少？据知情者披露，当时从江户运出了360万两黄金；小栗上野介的仆人中岛藏人，在遗言中又说从甲府的御

◎日本富士山风光

金藏中还运出几万两黄金，加之其他金制品，估计埋藏总数达 400 万两。

　　一个多世纪以来，有不少想一夜之间成为富翁的人纷纷来到赤诚山探宝。1905 年，岛追老夫妇曾在此寻找到几个装有黄金的木樽；后来在修路过程中也曾有人寻到过日本古时的金币 57 枚。

　　对发掘赤诚山藏金最热衷的，莫过于水野一家祖孙三代了。第一代水野智义是中岛藏人的义子，中岛藏人临终前曾告诉他，赤诚山藏有德川幕府的黄金，藏宝点与古水井有关。于是，水野智义便萌发了寻找赤诚山黄金的信念。他变卖家产筹款 16 万日元，开始调查藏宝内幕。据调查得知，1866 年 1 月 14 日，有 30 名武士雇了七八十人在津久田原突然出现，运来极其沉重的油樽 22 个、重物 30 捆。在此处逗留近 1 年。他们秘密地分工行动，不少当事人是幕府的死囚，完工后即被杀以灭口。后来，水野智义在 1890 年 5 月从一口水井北面 30 米的地下挖出了德川家族的纯金像，推测金像是作为 400 万两黄金的守护神下葬的。不久，又在一座寺庙地基下挖出了 3 块刻字的铜板，水野智义认为它们是埋宝地指示图，但字面的含义却无人读懂。昭和八年四月，水野智义又发现一只巨型人造龟。这就是第一代水野为之奋斗一生的收获。

第二代水野爱三郎，子承父业，在人造龟龟头下发现一空洞，洞内有五色岩层，不知是自然层还是人为造成。第三代水野智子进一步在全国了解有关赤诚山黄金的传说。他与人合作利用所谓特异功能来寻宝，但收获甚微。水野家三代在赤诚山的发掘坑道总计长 22 千米，却仍没有寻到藏金点。向水野三代这种半盲目的脑力与体力劳动提出挑战的，是高技术的运用。有人用最新金属探测机在水野家挖的坑道内，发现有金属反应，又经分析此处地层内极难存在天然金属，所以有可能是德川的藏金所在，但由于地质松软，要挖掘需要有强力支撑物，只能暂时作罢。

琥珀屋的秘密

琥珀屋始建于 1709 年，当时的普鲁士国王鲁道夫打算在柏林郊外波茨坦王宫建造一间奢华的琥珀屋。建成后的琥珀屋光彩夺目，面积约 55 平方米，共有 12 块护壁镶板和 12 个柱脚，全都由当时比黄金还贵 12 倍的琥珀制成，总重达 6 吨。

1716 年，腓特烈一世为了与俄国结盟，将琥珀屋送给了来访的俄国彼得大帝。彼得大帝原想将琥珀屋安在行宫冬宫里，但还没来得及做就离世了。这样，琥珀屋也随之被人遗忘。1745 年，彼得大帝的女儿伊丽莎白女皇在察里斯科建了一座豪华的夏宫，1751 年，在对夏宫进行改建过程中，伊丽莎白突然想起了早已被遗忘的琥珀屋。在俄罗斯著名建筑师拉斯托里的监督下，用了一个月时间对琥珀屋进行了改造，使之成为夏宫的一部分。女皇随后将琥珀屋作为举行内阁会议和约会情人的地方。

1942 年，德军入侵苏联后，夏宫的工匠本打算用纱和假墙纸把琥珀屋遮盖起来。但这没有瞒过德国人的眼睛，他们将琥珀屋整个拆下来，装进 27 个

◎由现代俄罗斯巧匠复原的琥珀屋

柳条箱，准备转移到德国哥尼斯堡的琥珀博物馆。几天后，琥珀屋被打包装上了火车。这是人们知道的琥珀屋最后的下落。

1945年，苏军攻克哥尼斯堡后，由苏联建筑家、考古专家和将军组成的"琥珀屋秘密搜寻队"涌入哥尼斯堡，对当地的庄园、城堡、贵族豪宅、地下室等可能隐藏琥珀屋的地方进行了仔细搜索，但一无所获。战后，苏联的一个寻找琥珀屋的组织根据一个德国人的指点，在波罗的海中打捞起17个箱子，可是，箱内装的不是琥珀屋，而是滚珠和轴承。

在对琥珀屋去向的研究中，迄今最为广泛接受的说法是这些箱子在1944年的爆炸中被毁坏了。哥尼斯堡美术馆馆长罗德博士的助手库尔年科证实说，美术馆的所有展品都在苏联红军攻进城前，被德国人烧毁了。

其他人则相信这些箱子仍然在加里宁格勒（哥尼斯堡的现称）。许多人认

◎琥珀屋一景

为这些箱子被装在一艘船上，沉到了波罗的海的深处，或者仍然在哥尼斯堡某个地下设施里静静地藏着。但是科学家们却对此猜测很不屑，他们认为琥珀对湿度和温度的要求较高，因此琥珀屋不能在地下保存至今。

1997年，一批德国艺术侦探得到消息称，有人试图出卖琥珀屋的一片琥珀，他们突袭了卖主住所，找到了琥珀屋的一片镂花镶嵌板。但这个卖主是一位过世老兵的儿子，他自己也不知道这片琥珀的来历。线索再次中断。最极端的一种猜测则是，斯大林其实拥有两座琥珀屋，德国人偷走的那一座是假货。

60年后的今天，又有两个人提出琥珀屋早已被焚毁的说法。文章被登载在英国《卫报》上，在这个有关琥珀屋命运的新编故事中，主人公是一个名叫阿纳托里·库楚莫夫的艺术史教授。在琥珀屋被纳粹抢走前，他曾在叶卡捷林娜宫担任琥珀屋的守护工作。两名英国记者根据库楚莫夫的日记推断，远在德军将琥珀屋运至德国之前，苏联红军就已经放火焚毁了存放琥珀屋的哥尼斯堡城堡。

1979年，当时的苏联政府拨800万美元专款，开始重建琥珀屋，共有30

名顶尖专家参与重建工程。

　　重建工作的负责人说，重建琥珀屋用了整整 20 多年，其中 11 年用来研究和重现琥珀屋的老技术。"我们所有的只是一些老照片，我们得从这些老照片中识别出 13 种不同的琥珀，然后进行对比，最后确定究竟是哪一种琥珀。"

　　如今琥珀屋的重建工作早已完成，而曾经的琥珀屋仍然下落不明，谜团仍在困扰着每一位关心它的人。

　　为了重现琥珀屋当年的异彩，专家们的工作细微到用放大镜的地步，用了整整 6 吨的珍稀宝石。

邪恶的蓝钻石

　　"希望"蓝钻石是世界上屈指可数的钻石王之一。"希望"蓝钻石问世于 500 年前。在缅基伯那河畔的一座废弃的矿石里，一个路过的老人偶尔瞥见一块光彩熠熠的石头。经辨别，竟是一颗硕大的蓝钻石。老人请工匠将钻石进行粗加工，加工后的蓝钻石还有 112.5 克拉，老人去世后，他的 3 个儿子为这枚钻石大打出手，结果钻石被族长充公，下令镶嵌在神像的前额上。

　　一天深夜，一个抵不住钻石蓝光诱惑的年轻人偷走了钻石。但仅仅几个小时，他就被守护神像的婆罗门捕获，活活被打死，成为蓝钻石的第一个牺牲者。蓝钻石被重新镶嵌在神像的前额上。

　　17 世纪初，一个法国传教士用斧头劈死两个婆罗门，用沾满鲜血的双手将蓝钻石攫为己有。传教士将蓝钻石带回了自己的故乡，可是在一个雷雨交加的晚上，他被割断了喉管，蓝钻石也不知去向。

　　40 年后，蓝钻石落入巴黎珠宝商琼·泰弗尔手中，他随即脱手将钻石卖给了法国国王路易十四。数年后，琼·泰弗尔到俄国做生意，竟被一条野狗活活咬死。

　　路易十四死后，"法国蓝宝"落入蓓丽公主之手。她将钻石从王杖上取下，

◎ "希望"蓝钻石

作为装饰挂在她的项链上。1792年9月3日，在一次偶发的事件中，蓓丽公主被一群平民百姓殴打致死。"法国蓝宝"在这场大革命中被皇家侍卫雅各斯·凯洛蒂乘乱窃取。法国临时政府在清点国库时，发现"法国蓝宝"失踪，于是贴出告示：凡私藏皇家珍宝者处以死刑。侍卫雅各斯·凯洛蒂闻讯后终日不安，精神发生错乱，最后自杀而死。

"法国蓝宝"40年后为俄国太子伊凡觅得。伊凡在寻花问柳时，为了取得一个妓女的欢心，竟将"法国蓝宝"拱手相赠。一年后，伊凡另结新欢，对赠宝之事后悔不已，决定追索回来。可是，那个妓女死活不依，伊凡一剑刺死妓女，夺宝而归。然而，不久，伊凡皇太子在宫中死于非命。

神秘的"法国蓝宝"给占有它的主人带来的厄运比巫师的诅咒还要灵验，人们视之为不祥之物。尽管如此，世界上还是有许多贪婪的目光盯着它，希冀有朝一日成为拥有它的主人。

"法国蓝宝"从伊凡皇太子手里转移到女皇加德琳一世手里。女皇意欲将钻石镶在皇冠上，于是命人将"法国蓝宝"送至荷兰，交由堪称世界上一流手艺的威尔赫姆·佛尔斯进行精心加工。经过威尔赫姆·佛尔斯的精心雕琢，"法国蓝宝"被切割成现在见到的样子，它的每个面都闪着诱人的蓝光。加工后的钻石重44.4克拉。钻石加工好以后，钻石匠的儿子不辞而别，将钻石带到英国伦敦去了，无法交差的钻石匠服毒自杀，以谢女皇。而他的儿子后来在英国也自杀身亡，死因不明。

英国珠宝收藏家亨利·菲利浦在一个不愿透露姓名的人手里以9万美元购得了这颗钻石，命名为"希望"。1839年，亨利·菲利浦暴死。他的侄子成为"希望"蓝钻石的主人。这位钻石的主人将钻石置于展厅公展，后来据说他寿终正寝。

"希望"蓝钻石的下一个主人是华盛顿的百万富翁活尔斯·麦克林夫妇。自从拥有钻石以后，灾难就像影子一样追随着他们，他们的儿子和女儿先后遭到了不幸。

1947年，海里·温斯顿以1500万美元购进"希望"蓝钻石，成为钻石的最近一个主人。

"希望"蓝钻石自问世以来，历经沧桑，周游列国，其间，更易主人有数十人之多。可是"希望"蓝钻石并没有给占有它的主人带来希望，相反，除少数几个人外，其余的主人屡遭厄运，甚至命丧黄泉。这是为什么呢？是巧合还是冥冥之中存在着一种人们尚未得知的神奇力量呢？也许有一天，"希望"蓝钻石能满足人们探究这个秘密的希望。

世界第一宝藏：图坦卡蒙陵墓

埃及图坦卡蒙陵墓的发现是世界考古工作成功的顶峰，也是考古史的重要转折点。所有出土文物超过10000件，每件都是无价之宝。考古学家霍华德·卡特花费3年的时间把它们全部运出墓室，当时挖掘人员从墓的出口抬出女神哈托尔牛头灵床的镜头已经成为考古史上无法超越的经典；埃及政府又花费了整整10年的时间把它们运到开罗，开罗博物馆之前的所有藏品都因之黯然失色；而彻底研究它们可能需要未来人类全部的时间。文物无可比拟的历史价值和所蕴涵的谜团使图坦卡蒙陵墓排在世界十大宝藏的第一位。

埃及的帝王谷位于尼罗河西岸的沙漠中，古埃及首都设在底比斯以后，大多数法老都埋葬在这里。1900年左右的时间里，几乎所有帝王谷里的陵墓都被发现了，考古学家和盗墓者在这方面平分秋色。但是仍然有许多人在帝王谷里转悠，他们都在寻找传说中国王图坦卡蒙的陵墓。

图坦卡蒙是3300多年前的一个年轻的埃及法老，他曾在黄金雕制的御座上管理着庞大帝国。他的统治是短暂的，在18岁时突然死去。在埃及漫长的法老时代中，图坦卡蒙因为在位时间短而名不见经传，他的猝死也使得他没有事先修建豪华金字塔陵墓。

正是因为这样的不起眼，他的陵墓才在很长时间里都没有被发现。

霍华德·卡特熟读古埃及历史，他把研究图坦卡蒙陵墓作为毕生的梦想。从1903年起，他就带领助手在帝王谷的每一寸土地上搜索，经过19年的努力，

◎图坦卡蒙的黄金面具

1922年11月5日，他终于找到了图坦卡蒙陵墓入口。陵墓入口竟然位于著名法老拉美西斯六世的陵墓下面，开凿于岩石内。

图坦卡蒙陵墓是3300年来唯一一个完好无缺的法老陵墓，也是埃及现在最豪华的陵寝，更是埃及考古史乃至世界考古史上最伟大的发现。卡特以前认为这个年轻法老的墓葬品会特别的简单，谁知之后长达3年时间的挖掘向全世界证实了这种预想的愚蠢性。卡特说过，图坦卡蒙一生唯一出色的成绩就是他死了并且被埋葬了，这话是有道理的。因为其陵墓的发现成为古代文明对现代

◎考古学家查看图坦卡蒙木乃伊石棺

人类最彻底的一次震撼和嘲笑。那个成为埃及文明象征的纯金面具，那个纯金制成的棺材，那个由纯金雕制镶满宝石的王位，那些铺满墓室墙壁的纯金浮雕，那具完整无缺的木乃伊……所有一切都让人惊叹，3300 年前埃及人的工艺技巧和现在到底有什么不同？

 ## 隐藏在伯爵夫人墓碑上的秘密

　　早在 17 世纪，法国雷恩堡附近有一位牧羊人伊卡斯·帕里斯，因为牧羊时丢失了头母羊，在寻找母羊途中，偶然发现地下有条大裂缝。他走下裂缝，看到有条幽深不见底的地道。沿着地道一直往前走，最后走进一座尸骨横陈、

箱子满地的地下"墓穴"。帕里斯先是惊恐万分，不停地祷告，生怕地下会有人突然爬起来将他弄死。大概是好奇心的驱使，他大胆地打开了箱子，原来里面全是金币！帕里斯将金币装满了自己的口袋，匆匆跑回家中。帕里斯的暴富还是很快就传遍了整个雷恩堡。有的人嫉妒，有的人羡慕。由于帕里斯始终不愿透露自己金币的真正来历，结果被指控犯了偷窃罪，最后冤死于狱中。但是，他至死也没有讲出地下墓穴的秘密。直到 200 年以后人们才知道了真相。

1892 年，沧桑的 200 年历史使雷恩堡的居民似乎早已忘却了帕里斯的冤案，他们更不晓得地下墓穴的秘密。但正是在这一年，一个极偶然的机会，又使雷恩堡教堂神父贝朗热·索尼埃跨入了神秘的地下古墓，从而出现了法国近代轰动一时的奇闻。

贝朗热·索尼埃是 1885 年被任命为雷思堡教堂神父的。他到任不久就赢得了当时刚满 18 岁的漂亮少女玛丽·德纳多的好感。索尼埃神父不仅有如此好的艳遇，交了桃花运，而且他好运连连，一笔巨额财富也在冥冥之中向他招手，也许这是索尼埃神父虔诚侍奉上帝的结果，上帝向他"显灵"了。

1892 年，由于索尼埃神父待人热心、脾气好，在教区十分受尊敬，从而得到了一笔 2400 法郎的市政贷款以修缮他的教堂和正祭台。一天上午 9 点多钟，从邻镇库伊萨来的泥瓦匠巴邦在修缮教堂屋顶时，叫神父帮他在几根打过蜡的空心圆木柱中挑一根作为正祭台的柱子。神父随手拿起一根圆木，发现里面有一卷陈旧的植物羊皮纸，纸上写着一些带拉丁文的古法文。乍一看，这无非是《新约全书》里的一些片段，但神父凭直觉猜想，这里边肯定有文章。于是这位神父对巴邦轻描淡写地说："这是大革命时期的一堆废纸，没有什么价值。"镇长闻讯后也来问及此事，索尼埃神父把植物羊皮纸拿给镇长看了看，但老实巴交的镇长本来识不了几个字，这羊皮纸上的字他一个也看不懂，事情就这样平静了下来。

当然事情没有就此了结。索尼埃神父很快就中断了教堂的工作。他竭力想弄懂这卷羊皮纸上的文字。他认出了上面写着的一段《新约全书》中的内容，还发现了上面有法国摄政王布朗施·德·卡斯蒂耶的亲笔签字以及她的玉印章。

◎法国雷恩堡

除此之外，仍是一团疑谜。于是他在 1892 年冬天动身去了巴黎，求教不少语言学家。当然，出于谨慎，他给语言学家们看的仅是一些残片断简、只言片语。最后，他终于领悟到，羊皮纸上写的是有关法国女王隐藏的一笔 1850 万金币（1914 年值 185 亿法郎）的秘密。

索尼埃神父在返回雷恩堡时虽然还没有搞清楚这笔巨宝究竟藏在何处，但已掌握了足够可靠的资料。他首先在教堂中寻找，没有发现任何痕迹。一天，玛丽在公墓中看到从奥特布尔·白朗施福尔伯爵夫人墓上掉下的一块墓志铭，这些铭文与羊皮纸上的文字是一致的。财宝会不会就藏在那座古墓底下？

神父在玛丽的协助下，在公墓中悄悄地寻找了好几天，但并无多大进展。一天晚上，他们终于从伯爵夫人的墓志铭中得到启示，在一个早已空空旷旷的被称之为"城堡"的墓地底下发现了一条地道。他们顺着弯弯曲曲的地道向前行进，像牧羊人帕里斯一样，他们最终也走进了一座神秘的地下墓穴，里面堆满着金币、首饰以及其他贵重物品！仿佛法国古代的财富全集中在此。索尼埃神父虽然有点飘飘然，但并没有忘记存在着的危险：是不是还有其他人也知道这笔财富？也许藏宝人的后裔也知道这笔财富，索尼埃神父于是悄悄刮掉公墓中伯爵夫人墓石上的铭文，他精心地消除了所有能使他人发现地下墓室的蛛丝马迹，并且把那卷神秘的羊皮纸也一并藏在了只有他和玛丽知情的地下墓室。

比拉尔主教的继承人——德·博塞儒尔主教阁下新上任后的第一件事，就是再次要求索尼埃神父对他的一切行为作出必要的解释。但索尼埃没有理会这一切，继续干他自己的事。后来，教皇闻及此事，要求罗马法庭过问一下。索尼埃神父被传到罗马出庭。最后，法庭宣布停止索尼埃的神职。但是索尼埃并不在意，他继续在自己别墅里的小教堂做弥撒、祈祷。有意思的是，几乎所有教区教民也都来他家中做祈祷、弥撒。结果使得新上任的神父非常尴尬，不得不发誓再也不去雷恩堡了。

索尼埃还热心于公益事业，作为一名神父，他很关心雷恩堡的发展。他拟定了一个美化雷恩堡的新方案。他要修筑一条通往库里伊萨的公路，在雷恩堡兴建引水工程、水利设施，以及再盖一座塔楼供居民使用，购买一辆汽车来运送镇民等。他的预算开支达800万金币，这在1914年相当于80亿法郎。由此可见，雷恩堡的这笔财宝数额有多大。

1917年1月5日，索尼埃刚在几笔订货单上签完字后就病倒了。肝硬化在索尼埃还没有来得及实施自己的新方案前，便夺走了他的生命。

东汉巨额黄金神秘消失

历史上的秦汉时期，黄金是流通的主要货币，动辄赏赐、馈赠以千万计。楚汉战争时期，陈平携黄金4万斤，到楚国行反间之计；刘邦平定天下后，叔孙通定朝仪，得赐黄金500斤；吕后死后，遗诏赐诸侯王黄金各千斤；梁孝王死后，库存黄金40万斤；卫青出击匈奴有功，受赐黄金20万斤；王莽末年，府藏黄

◎ "金饼"是中国古代的黄金货币，最早出现于战国时期，盛行于西汉，是西汉王朝最具代表性的货币。

金以万斤为一匮，尚有60匮，他处还有数十匮……秦汉黄金之多令后世惊奇，但到东汉年间黄金突然消失，退出流通领域，不仅在商品交换中以物换物，而且以黄金赏赐也极少见。那么，西汉时的巨量黄金到哪里去了呢？后世学者做出了种种推测和考证。

佛教耗金说认为，自佛教传入中国以后，到处建寺，到处塑像，大到通都大邑，小到穷乡僻壤，无不有佛寺，无不用金涂。加之风俗奢靡，用泥金写经贴金作榜，积少成多，日消月耗，就把西仅时期大量的黄金消耗殆尽了。反对者认为，佛教耗金说一违历史，二悖情理。因为史书明确记载，佛教传入中国是在东汉初年，当时的佛教在中国并未站稳脚跟，只能依附于中国传统的道教和神仙思想，根本不可能大张旗鼓地修寺庙、塑神像，所以也很少用金涂塑像，即使有一些使用黄金，量也微乎其微，不至于巨量黄金突然消失。而且西汉巨量黄金退出流通领域是在东汉开国时期就发生了，当时的佛教还没有传入中国。

外贸输出说认为，西汉巨量黄金突然消失是因为对外贸易，大量输出国外造成的。这种说法显然也缺乏根据，因为西仅时期，中国是世界上少有的经济和文化都很发达的国家，是商品输出国，只有少量的黄金流到西域、南海各国购买奇珍异宝，但并不常见，而且许多还是邻国称臣纳贡而得，加上和汉朝有贸易往来的国家经济相对落后，根本认识不到黄金的价值，对黄金的需求量也很有限。相反，西汉时期丝绸之路的开通，中国向西方国家输出了大量的丝和布帛，却换来了大量的黄金。如当时的罗马帝国，为了获得中国的丝绸产品用大量的黄金作为交换，以至有学者认为，用黄金换取中国的丝绸，是后来罗马帝国经济衰退的主要原因。

黄金为铜说认为，史书上记载的西汉时期大量赏赐黄金、府藏黄金都是指的"黄铜"，所以数量才会巨大。因为从历史上看，从秦汉黄金开采量上看，从对外贸易看，西汉不可能冒出那么多黄金。人们惯以"金"称号钱财，有可能把当时流通的铜称作黄金。这种说法也缺乏有力证据，因为汉代时金、铜区分极明显，金的开采由金官管理，铜的开采由铜官管理；黄金、铜钱都是当时流通的货币，黄金为上币，铜钱为下币，黄金的计量单位为斤，铜钱的计量单位为株；黄金主要用于赏赐、馈赠，铜主要用于铸钱和铸造一些器物。黄铜和黄金泾渭分明，根本不可能混淆。

地下说有两种，一种认为西汉黄金以金币的形式窖藏在地下；一种认为西汉的黄金被作为各种金器、金物随葬在墓中。前一种观点的依据是科学家们对地球黄金开采的预测，科学家预测，有史以来人类在地球上共开采了9万吨以上的黄金，而现在留在世上的只有6万吨，其余3万多吨窖藏在地下。而且考古工作者也不断发现地下窖藏的西汉黄金。以此说明西汉大量黄金突然消失，只能是公私窖藏于地下后因战乱或人祸，藏主或亡或逃而使藏金失传。地下窖藏说似乎很科学，而且还有考古发掘实物为证，西汉黄金消失之谜仿佛可以解开了。

但是仔细分析就会发现，这种说法也并不是无懈可

◎西汉黄金

击，因为无论是私人还是国家储存巨量黄金的金库总是留有线索的，决不会一场战争或一场天灾人祸后，所有的黄金拥有者都死去或忘记自己的财宝所在。如果说一部分因窖藏而消失还可以理解，而绝大多数黄金都说是因窖藏而不知所终则难以理解。

后一种观点的依据是汉代盛行的厚葬之风，导致大量的黄金被随葬在墓里。西汉时期朝廷规定天下贡赋的1/3供宗庙，1/3用以赏赐、馈赠那些忠于汉王朝的文臣武将和敬待外国来宾，剩下的1/3则用以营造陵墓，构建再生世界。而黄金作为当时的上等货

◎西汉黄金香炉

币，是财富的象征，其1/3用于随葬是完全可能的，而且这个推理和今日科学家的预测不谋而合。但事实上，许多汉代的厚葬墓自埋葬之日起就已成了盗墓者的目标，因为汉代有用玉衣随葬的习俗，所以汉墓是盗墓者首选的对象，更何况是随葬大量的黄金呢？这么巨大的财富肯定不会从盗墓者的双手中漏掉。而且还须注意的是，埋葬在地下的并不限于黄金，还有银有铜有种种奇珍异宝，而唯独黄金却奇迹般地消失了？

看来，以上几种说法都有其明显的漏洞，西汉巨量黄金失踪之谜，仍在困扰着人们。

传国玉玺离奇复出

关于和氏璧诞生，有一段凄惨动人的传说。春秋时期楚国有一个叫卞和的

◎和氏璧

人，一天在荆山（今湖北南漳县西）砍柴时发现一块大青石，当时正有一只凤凰栖息在上面。凤凰不栖无宝之地，所以他认定这是一个宝物，便把石头弄回来献给当时的国君楚厉王。昏庸暴虐的楚厉王认定这是一块普通的石头，说卞和犯了欺君之罪，砍掉了他的左脚。楚厉王死后，楚武王继承王位，卞和再一次带着大青石又去见楚武王，但不识货的楚武王又以同样的理由砍掉了卞和的右脚。待楚文王即位后，失去双足的卞和抱着青石在荆山下哭了三天三夜，哭到双眼流血。楚文王知道这件事情后大为惊奇，派人接他入宫问清他痛哭的原因，深为感动，便命人将这块石头剖开，果然发现一块晶莹无比的宝玉。于是楚文王命工匠将这块美玉雕成一块玉璧，同时为了纪念卞和献玉有功，将这块玉璧命名为"和氏璧"。

　　美丽动人的传说为和氏璧笼罩上了一层神秘的面纱，也预示了和氏璧在人类历史中独一无二的价值和神秘莫测的命运。在它诞生的400年后，楚威王当政，把和氏璧赏给为楚国立了大功的相国昭阳，但后来昭阳在宴宾出示给客人看时不慎遗失了。50年后和氏璧才在赵国太监缪贤手中出现，但没多久就到了赵惠王手中。在那个诸侯纷争的年代，和氏璧成为各国垂涎三尺的无价之宝，名垂青史的"完璧归赵"事件也就是在这个时候发生的。大智大勇的蔺相如运用自己的智慧与和氏璧一起留名青史，也为和氏璧的传奇又添上浓墨重彩的一笔。

但和氏璧最终还是落到了秦国人手里，从此它的价值也发生了质的飞跃，同时，它被赋予了新的历史使命。公元前228年，秦灭赵，和氏璧便到了秦始皇手中。秦始皇统一六国后，命宰相李斯在和氏璧上写下"受命于天，既寿永昌"八个字，让巧匠把这八个字刻在和氏璧上。从此，和氏璧就成了皇帝专用的玉玺，秦始皇称之为"国玺"，梦想让这块玉玺代代相传，可事实并未如他所愿。

秦末楚汉之争时，刘邦率先进入咸阳，秦王子婴把传国玉玺献给了刘邦。刘邦称帝后，出于和秦始皇同样的想法，把和氏璧称为"汉传玉玺"，企图代代相传，但这一切只能成为梦想。

公元8年，王莽篡夺西汉政权，向孝元皇太后索要玉玺。太后一怒之下，将玉玺摔在地上，玉玺一角被摔掉。后来王莽命巧匠将所缺角用黄金补上，瑕不掩瑜，这无损和氏璧举世无双的价值。后来，和氏璧又落到汉光武帝刘秀手中，到东汉末年，和氏璧在战乱中被汉献帝遗失。

公元192年，长河太守孙坚讨伐祸乱朝廷的董卓，攻入了洛阳城。发现城南一水井中放射出耀眼的光芒，便派人打捞，结果打捞出脖子上挂一朱红小盒的女尸。打开小盒一看，里面所装正是人们梦寐以求的传国之宝和氏璧，从此和氏璧为孙坚所有。后来孙坚战死，和氏璧

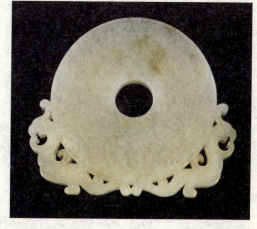

◎精美的玉璧

◎传国玉玺

落入军阀袁术手中。袁术死后，和氏璧被广陵太守徐缪所得，为了讨好曹操，便把它献给了曹操。

待司马氏统一天下，和氏璧理所当然到了晋朝宫中。西晋末年，由于战乱频繁，和氏璧不断易主，经过几番朝代变更，和氏璧又传到唐朝开国皇帝高祖李渊手中。李渊把和氏璧改称为"宝"，想作为他们李氏家族的传家宝代代流传，但同样这也只能是一个梦想。到了五代十国，和氏璧彻底失踪了。

后来和氏璧又出现了几次，但都没有确切的证据证明它的真实性。宋哲宗绍圣年间，有人得到一块玉石，当作和氏璧献给当朝皇上。后经十几名学士、大臣考证，确认真的是传国之玺和氏璧，但还是有很多人不相信这是真的。到了明朝弘治年间，又有人找到一块玉璧当作和氏璧献给皇帝，但孝宗皇帝认为是假的而没使用。到清初，在当时的皇宫收藏了 39 块御印，其中一块被认为是和氏璧，但经乾隆皇帝钦定，证明是假的。到清朝灭亡，末代皇帝溥仪被驱逐出皇宫时，当时的警察总监还在追查玉玺的下落。

直到今天，和氏璧的下落还是一个谜，也许它已在不断的易主中丢失，也许在频繁的战乱中被毁灭，也许静静地躺在某个不为人知的角落，直到有一天突然出现在人们的眼前。

 ## 追踪清东陵被盗财宝

1928 年 7 月 2 日，时任国民党第六集团军第十二军军长的孙殿英，以进行军事演习为名，秘密挖掘了清东陵慈禧墓和乾隆墓，盗取了大批金银财宝，其中最珍贵的当数乾隆墓中的一柄御用九龙宝剑。这柄宝剑长1.5米，剑柄特长，上雕9条紫金龙，象征"九五之尊，君临天下"。剑鞘用名贵的鲨鱼皮制成，嵌满了红蓝宝石及钻石。从乾隆墓盗取的宝剑中，据说还有一柄三国时的名将赵子龙用过的宝剑。另外，从慈禧墓中盗取的翡翠西瓜、夜明珠和穿满珍珠的绣花鞋等，都是稀世珍宝。但这些财宝后来都下落不明。

孙殿英名叫孙魁元，号殿英。尽管他出身土匪，也没有什么文化，但这样一个能在国民党军中担任较高军职的"不逞之徒"是完全深谙官场门道的。孙殿英最拿手的就是利用各种贿赂为自己升官发财铺路，也为他干下的种种伤天害理的勾当消祸免灾。孙殿英这个兵痞，在被蒋介石收编后不久，就犯下了盗掘清朝皇陵的弥天大罪，一时间全国舆论哗然。然而，孙殿英将大量东陵盗宝献给了当时国民党的最高层人士及其亲友。传说孙殿英将盗乾隆墓得到的108颗朝珠中最大的两颗托人送给戴笠，托他将乾隆御用的九龙宝剑献给了蒋介石，慈禧的夜明珠和穿满珍珠的绣花鞋献给了宋美龄。结果，轰动一时的清东陵盗宝案最后不了了之。

作为处理清东陵盗宝案的一个关键人物的徐源泉，当时担任国民党第六集团军总司令，是孙殿英的顶头上司。据了解徐源泉的人说，徐源泉是一个很专横的人，对下属也很苛刻。他手下的12军军长孙殿英在洗劫清东陵之后，人神共愤，遭到了举国上下的一致声讨。据说，作为孙殿英的顶头上司，徐源泉怕蒋介石严惩孙殿英后追究自己的责任，曾为孙殿英暗中向国民党高层人士活动。但是最终使孙殿英逍遥法外的决定因素是因为徐源泉的"斡旋"，还是孙殿英自己用东陵盗宝买通了国民党的最高层，尚不得而知。但对于有"救命之恩"的顶头上司徐源泉，孙殿英肯定会投桃报李、有所表示的。民间有一种传说，孙殿英将盗掘得来的部分东陵财宝贿

◎江陵大盗孙殿英

◎乾隆裕陵地宫

赂给了上司徐源泉。徐源泉便将所得的东陵财宝埋藏在了自家公馆的地下密室中。"文化大革命"期间，有人在武汉新洲徐公馆附近挖出了不少枪支，结果，有关徐公馆藏有巨宝的说法不胫而走。

曾有人在徐公馆附近挖花坛，结果挖出了一条深可过人、内有积水的地道。由于当时挖开的地道中不断冒出腾腾的白烟，众人怀疑地道下可能有机关和毒气，就没敢下去。据有关媒体报道，为搞清徐公馆的埋宝之谜，1994年，时任新洲文物管理所副所长的胡金豪，专程探访了徐公馆东厢房下的密室。他仔细地清扫了这间仅几平方米大、空无一物的密室，并细细敲打每一面墙砖，查看里面是否藏有机关。胡金豪发现，密室墙上没有糊上泥巴，有一面墙的砖还参差不齐，似乎墙是临时砌上去的。由于种种原因，他没有作进一步的调查。胡金豪认为，要论定徐公馆地下是否藏有清东陵宝藏，至少还有几点需要核实：孙殿英是否将东陵宝藏送给了徐源泉？徐源泉是否将宝藏埋在了徐公馆地下？从徐公馆建成到1949年徐源泉离开大陆期间，他有没有将宝藏移往他处？而这些在史料上都无记载，所以论断徐公馆埋有东陵宝藏尚为时过早。

德尔巴哈里群王之墓

世界上的许多遗址是逃不过盗墓者的眼睛的。埃及德尔巴哈里的集体墓葬最早就是由盗墓贼阿卜德艾尔拉苏尔发现的。最初，拉苏尔只把秘密透露给家里的几位主要成员，要他们庄严宣誓，保证把全部财宝留在原地不动，作为全家存在银行里的一笔资产，根据需要随时取用。但是6年之后，拉苏尔亲自把这个秘密说了出来。

1881年7月5日上午，开罗的埃及博物馆负责保管工作的埃密尔·布鲁格施由一位阿拉伯助手和拉苏尔陪同前往古墓。进入墓地之前，布鲁格施对拉苏尔心存怀疑，当拉苏尔取下肩上的一盘绳索，把一头放进洞口，示意要沿着绳子下去的时候，布鲁格施毫不犹豫地抢先独自下了洞。他紧握绳索，两手交替着逐步下降，心里却在警惕着：谁知道那狡猾的窃贼是不是在搞什么鬼！他当然希望会有重大的发现，但那洞底究竟是什么样子他是完全无法想象的。

那竖井约10.7米深，他安全地到达洞底，打开手电，向前走了几步，转了一个大弯，就看到面前摆着几个巨大的石棺。甬道入口处旁侧放着一口最大的石棺，根据棺上的铭文，布鲁格施得知棺里放的是西索斯一世的干尸。1817年10月，考古学家贝尔佐尼到帝王谷时，曾在原葬地到处寻觅这具干尸，但最终也没有成功，原来它藏在这里！布鲁格施为自己的发现兴奋不已，这

◎西索斯一世石棺

◎阿布辛贝神庙位于埃及阿斯旺以南 280 千米处，建于公元前 1300 前—1233 年，是古埃及最伟大的法老拉美西斯二世所建

可是震惊世界的发现！

　　地洞里很黑，而且地上好像堆满了东西。布鲁格施小心翼翼地用手电照亮其他的地方，他看到了更多的石棺，石棺周围的地上散乱地抛着无数珍贵的殉葬物，有金银饰品，也有珠宝雕塑，在弥漫着死亡气息的黑暗中孤寂了上千年。布鲁格施一边小心地清理身边的东西，一边慢慢向地洞里面走去，最终走到中心墓室。

　　这个墓室极大，用手电微弱的光亮根本照不到边。墓室内零乱地放置着无数的石棺，有的已经撬开，有的看起来还未开封，保持着原来的样子。每具干尸旁边都无一例外地围绕着大量殉葬用品和饰物。这些静静躺在石棺里的法老们，曾经都是在埃及声名显赫的霸主呢！置身于这些古代国王的遗体中间，布鲁格施感到了一种从未有过的震慑，加上地洞里的空气不畅，他有种要窒息的感觉。德尔巴哈里有好几个隐藏地，其中第一个隐藏地里安放了著名的拉美西斯二世的木乃伊。接下来的两个隐藏地中，其中一处里面是阿蒙的男女大祭司的木乃伊。这里藏着整整一地窖的法老，他们才是真正的王中之王！如此贴近他们，是布鲁格施想也没有想过的事情。当他看到并摸到这么多历史人物的遗体时，他以为自己在做梦。

这接二连三的重要发现实在太突然了，布鲁格施拿着手电，有点晕眩，他想，得坐在地上定定神。他还找到了托特密斯三世（公元前 1501—前 1447 年）和拉美西斯二世（公元前 1298—前 1232 年）的干尸，据传犹太和西方世界律法的创始人摩西就是在拉美西斯二世朝中长大成人的。这两位法老在位时间分别为 54 年和 66 年，他们不仅是开疆的霸主，而且善于治国，在他们统治时期，埃及是长期稳定的。

进入地洞后，布鲁格施时而手脚并用地爬行，时而起身直立前进，仔细地巡视，生怕错过了任何一具石棺。开始时，他发现了拉美西斯一世（公元前 1580—前 1555 年）的木乃伊，这位法老驱除了野蛮的喜克索斯族的最后一位"游牧国王"，因而名垂史册。布鲁格施还找到了阿门诺菲斯一世（公元前 1555—前 1545 年）的干尸；阿门诺菲斯一世后来成为这片底比斯陵园的守护神。许多石棺里装殓的埃及君主，布鲁格施并不知晓，但他毕竟发现了其中几位最有威望的法老：图特摩斯三世、塞蒂一世、解放者阿摩西斯、征服者拉美西斯二世！多少世纪以来，无须考古学家或历史学家的考据，他们早已闻名遐迩了。

浏览石棺上的铭文时，布鲁格施看到有一段"干尸旅行"的记载。里面叙述了当年僧侣们如何夜复一夜地奔波于帝王谷里，如何极力保护这些法老的遗骸，以使它们免遭劫掠和亵渎的历史。他想象这些人如何不辞辛苦地把这些石棺从原来的陵寝里依次启出，经过几处驿站运往德尔巴哈里，然后用排列成行的新石棺重新装殓。

◎古埃及墓室中的壁画

显而易见，当年主持这项工作的人们一定是充满恐惧，而且一切都做得极为仓促。有几口石棺卸下以后竟来不及放平，至此仍倾斜着倚在墓室的墙边。后来他在开罗读到石棺上的一些铭文，上面记载了当年僧侣们运送帝王遗骨的始末，读来极为感人。

最后清点时发现，集中在这里的木乃伊不下 40 具。这些当年统治埃及的 40 个国王无一不被奉若神明，他们的遗骸经历了历史的变迁，在德尔巴哈里安睡了 3000 年以后又重新回到了世间，而第一个目睹这些历史遗骸的竟是盗墓者。

拉苏尔为世界发现了奇迹，也改变了自己的人生轨迹，他由先前的盗墓贼发展成为考古学家的合作者，非但没有因为之前的盗窃罪受到惩罚，反而获得了 500 英镑的奖金，并且被任命为底比斯大墓的卫队长。

新大陆的"图坦卡蒙墓"

秘鲁是南美文明古国，境内古文化遗址密布。在秘鲁发现的伟大遗迹有很多，比如说马丘比丘，但是绝大多数遗址都没有宝藏遗留。一方面是因为当时的殖民宗主国西班牙在秘鲁境内翻得底朝天，大部分财宝都被掠夺走了。另一方面，秘鲁民间盗窃文物的现象极为猖獗，当地人只要发现文物马上就一哄而上，一抢而光。

西潘王墓室其实就是被盗墓者发现的。1987 年前后，国际文物黑市上频频出现显然是来自秘鲁，但绝对不属于印加文明的文物。敏感的考古学家阿尔瓦博士意识到这些独特的文物表明，很可能又有一个重要遗迹被盗了。他和助手火速赶到秘鲁北部奇科拉约附近，一边询问一边搜寻，终于在 1988 年发现了西潘王墓室。西潘王墓隐藏在一个山谷里，位置很隐秘，周围没有任何显著标志，几乎可以说是很卑微，这成为它一直没有被打扰的原因。墓的入口已经被盗墓者打开，整个墓由大小几十个墓室组成，豪华的墓室和丰富的陪葬品让

◎西潘王墓室的陪葬品

阿尔瓦博士目瞪口呆。

为了保护文物不继续被盗窃，阿尔瓦博士固执地坚守在墓的入口处，直到秘鲁国家文物局的官员到达。当地的农民憎恨阿尔瓦断了他们的财路，在洞口威胁说要把他杀死。幸运的是，文物最终保存完好，阿尔瓦博士也没有受到任何伤害。在之后的挖掘工作中，阿尔瓦博士挖到了密封的、从未有人进入的西潘王主墓室，他因此也成为世界考古史上的明星。

西潘王是古代莫切人的一位帝王。莫切人生活在公元 100 年到 700 年之间，后来被印加人征服。一直以来，印加文明是秘鲁古代文明的中心，很难想象在莫切人的古迹中却发现了令印加文物都黯然失色的宝贝。

西潘王的墓室里摆满了琳琅满目的陪葬品，西潘王的尸骨放在墓室的最中间，他的手中抓着一个重达 0.5 千克、纯金制成的小铲子。他的头上和前胸覆盖着华丽的金制面具，他手臂的骨骼上挂满精美的首饰，就连他的尸体周围都

◎西潘王墓室的陪葬器皿

堆满了数不清的首饰和工艺品。西潘王似乎想把生前收集到的所有财富都带到来生的世界里去。这些还不算全部，最夸张的是，西潘王的四周有几十具陪葬者的尸体，他们中有年轻的女人、侍卫、仆人，而这些人的尸体上无一不是堆满了金银制成的首饰。整个墓穴中，死者的骸骨只是点缀在一堆金银珠宝中的星星白色。阿尔瓦博士说，之前在文物黑市上看到的东西简直没法和西潘王墓室中的发现相比，如果盗墓者先发现主墓室，那么后果不堪设想。

西潘王墓室的发现，是整个西半球最辉煌的墓葬文物发现，被喻为新大陆的"图坦卡蒙墓"。现在所有的金银首饰和工艺品都被当地博物馆保管。

黄金列车谜案

很多年前，纳粹德军在匈牙利大屠杀中，抢夺了许多黄金珠宝。运载这些财宝的那列火车，被美军在二战末期截获，但美军却没有把它归还原主。

不过，后来那些从大屠杀中幸存的匈牙利人，就此把美国政府告上了法庭，要求拿回"黄金列车"中的财物。

事情的详细情形是这样的：美军1945年在奥地利截获了德国纳粹的一列火车。这列火车有24节车厢，装满黄金、珠宝、艺术品、服装、地毯以及其他家居和宗教物品，全部财物价值两亿美元。那辆运载这些财宝的火车也由此得名"黄金列车"。

　　"黄金列车"上的这些财物都是德国纳粹从匈牙利人民手中掠夺来的。幸存者在起诉书中说，美军把这些财物错误地归为不明财产和敌方财产，这样他们就可以不把这些财物归还给真正的主人——匈牙利人。

　　经历60年风雨，这些财物大大升值，估计已经达到20亿美元，是原来价值的10倍。

　　匈牙利大屠杀幸存者杰克·鲁宾说："这些钱不能挽回我父母、姐妹和我所爱之人的生命。我不介意能拿回1元还是10万元，我只是想将此事了结。"现年76岁的鲁宾目前居住在佛罗里达州博因顿比奇。他15岁时被纳粹关进奥斯维辛集中营，纳粹让他和他的同伴们把掠夺来的财物装上"黄金列车"。

　　这份起诉书虽然由居住在迈阿密的一些匈牙利犹太人提出，但与美国政府达成的协定对匈牙利大屠杀的任何幸存者都有效，不论他们居住在澳大利亚、

◎1945年，盟军在默克斯盐矿发现100吨暗藏的纳粹黄金

以色列，或其他地方。事实上，"黄金列车"上所载财物的主人多数已经死于纳粹集中营，但据估计，仍有大约 3 万至 5 万幸存者及其亲属将从与美国政府所达成的协议中受益。

第二次世界大战前，匈牙利犹太人有 80 万人，但只有 20 万人在大屠杀中幸存并活到战后。

这份起诉书于 2001 年递交给美国迈阿密法院，当时恰逢德国纳粹向联军投降 56 周年纪念日。起诉书称，美国不但没有努力归还"黄金列车"的财物，战后还向那些打听这些财物消息的匈牙利犹太人说谎。

美国司法部此前曾试图将此案驳回，不过后来他们同意与原告达成协议，至于其中的原因，首席副助理部长丹尼尔·梅伦并没有阐明，他只说才双方"成功地缩小了分歧"。

原告律师萨姆·杜宾说，相关双方正在讨论协定所包含的一些具体细节问题。据路透社报道，这是美国政府首次受到与归还德国纳粹掠夺财产有关的起诉，有关的具体财物细节并没有公之于众。

 # 夏朗德的地下教堂

夏朗德位于法国西南部，虽然只是一座小城，但却是一座历史名城。1569 年，法国科利尼地海军司令手下一名中尉罗日·德·卡尔博尼埃男爵在占领夏朗德以后，不仅纵火烧毁了夏朗德修道院，而且屠杀了所有的修道士。这座中世纪早期的历史瑰宝，在经历了整整 40 年的兴盛变迁后，终于难逃劫数，被毁灭了。虽然修道士们早已十分谨慎地把圣物和财宝隐藏了起来，然而，由于没有一个修道士能逃脱灭顶之灾，这批圣物和财宝随之成了千古之谜。

夏朗德一带常常有一些神奇的事情发生，且与财宝有关。如每隔 7 年，在春暖花开的季节，总有不少宣称"修道院的珍宝将出现在圣体显供台下"的布告，张贴在夏朗德的大建筑物正门和古老市场的柱石上。这些布告确实也并非纯属

◎夏朗德古堡

无稽之谈。几百年来，夏朗德居民一直都会不时地发现闪闪发光的金银财宝和各种罕见圣物的幻影。这也许是财宝埋藏的位置造成的，这一位置形成巧妙的折射现象，将金银财宝和圣物显现出来，这使人们更加坚信这笔财宝一定保存于此。

这些珍宝究竟藏在何处？夏朗德的地下布满了纵横交错的网道。这些地下网道大部分都跟地面建筑物接通。一部分地下网道与城堡相连，一部分地下网道与修道院、教堂接通，还一部分地下网道与住宅、庄园相通。地下网道之间彼此连接。但近年来，这些地下通道大多数已被居民们用水泥黏合的厚墙所隔断，有的则早已塌方，所以要清理发掘这些地下通道几乎已不可能。必须寻找其他线索，如是否存在指明财宝埋藏地点的说明或图纸？若有，就先要找到这一地图。另外，各种传说也许能为寻宝提供一些有价值的线索。

1568 年，有一位年轻牧羊人克莱蒙为了逃脱迫害，躲进夏朗德附近的一个山洞中。他在山洞中偶然发现一个地下通道网。他沿着其中一条地道一直走了两天后，发现就在离夏朗德 4 千米处一个极隐蔽的地方有一个出口。据克莱蒙讲，这条地道之宽，足可以让一名骑士骑着自己的坐骑大摇大摆地行进，而且，地道里还有一大一小两座教堂：大的可能属于夏朗德城的瓦莱修道院，小的也许属于夏朗德的圣索弗尔修道院。看来，这些地道结构是非常复杂的，这说明其功能是多样的：藏宝、作战、修道等。克莱蒙的这次奇遇在他的子孙中间一直流传着。

而且，牧羊人克莱蒙的奇遇看来是真实可信的。因为，据住在离夏朗德附近4千米（这与克莱蒙的说法是相吻合的）处的巴罗尼埃小村里的维尔纳太太说："50年前，我父亲对我讲，山洞里有一条可以通到山岗底下的地道。他曾在地道里看见过一座很高的大厅，像教堂一样，四周有一百个凳子。这个地下工程一直延伸到很远的地方，可以通过夏朗德城的楠特伊。"维尔纳太太所讲的这些与克莱蒙所看到的一切都惊人地相似，但奇怪的是维尔纳太太从未听说过克莱蒙的传说。这也许表明，已经不止一个人进入过这条地下通道。

另外，据当地传说，圣索弗尔修道院当年曾筑有一条20千米长的地下通道，可以直达复朗德城的瓦莱修道院。因此，如果这个神秘的地下通道确实像牧羊人克莱蒙所讲的那样，那么夏朗德修道院的财宝，尤其是那些体积大且价值昂贵的财宝和圣物珍品，像金盘子、枝形大烛台、餐器，很可能藏在那里，因为那里不仅安全，而且易于保护。

夏朗德有一群孩子在玩捉迷藏游戏时，在佩里隆家所在地区的一幢老房子下面发现过一条地道。孩子们非常好奇，他们偷偷溜进地道中，借着手电筒的亮光，没走多久就发现远处有一个带三个跨度的拱顶大厅，里面还有一个石头祭台。它很可能是一座地下教堂。

修地下教堂的目的何在？有的历史学家认为这完全是出于一种宗教虔诚，是想表明不但在地上，而且在地下人们都供奉上帝；有的人认为这一看法不符合实际，小教堂也许是一种标志，很可能是指明财宝藏于何处的标志。从这个被认为是地下小教堂的大厅伸延出去的地道，已经有1/3地方被塌下来的土所填满。据那幢房子主人的一个孙子说，他小时候曾跟着父亲在这条没完没了的地道中走了一二千米，直到走到夏朗德河边附近时，才发现地道早已被填塞。

◎夏朗德风光

他父亲经过仔细观察后认为，过去有一些人也曾进入过这个地道，他们很可能发现了一笔财宝。但在挖掘时，由于误触了机关而使地道塌方，结果人财两空。

许多人都相信这一看法，慕名到此，想进入地道看看。遗憾的是，这块地方的主人虽然承认确实有过这样的发现，但就是不同意让人发掘，甚至拒绝考古工作者进入这里的地道，致使研究这一地道的工作停顿下来。

当地人还说，有一条从一个谷仓底下开始的地道可通到圣索弗尔修道院及其四周附属的教堂。这条地道在朝房子方向另有一条支道，可通往一座地下小教堂，从那里又可以继续通往巴罗尼埃村附近的一个山洞。在这个山洞里还有一个进口，可直达一座地下大教堂，在大小教堂底下还有一些地道通往神秘的地方，在这里藏着巨额财宝。

总之，在这座布满着迷宫一般的地下网道和大小教堂的古城夏朗德，有着足以勾起世人凭吊之情的断垣残壁，有着让人激动不已的珍宝、圣物，也有着令人浮想联翩的栩栩如生的传说，还有古老的文化和风情。在夏朗德人脚下仍然沉睡着祖宗们留下来的难以估价的珍宝。

印加帝国的羊驼

　　当西班牙人在印加帝国的国土上肆虐时，他们抢走了难以计数的黄金珠宝，却由于自己的无知，错过了印加的至宝——羊驼织物。这种织物的原料来源于南美洲独一无二的动物——羊驼。

　　羊驼是一种体形小巧而修长的动物，与骆驼同属一族，或称美洲驼，由人饲养的历史已有 5000 多年。羊驼是印加人生活的重要部分。牧人在高山牧场畜养着成群的羊驼，这些羊驼毛大部分被用于制衣。但是，只有得到统治者的允许，才能猎捕那些野性难驯的小羊驼。而且，那些上等的光滑丝质羊驼毛只能用于皇室成员。有时候人们会为了吃羊驼肉而把羊驼杀掉，或者作为祭品奉

◎羊驼

献给众神。

印加人擅长织布，他们所创制出的布料在欧洲从未有人听说过。印加的织布匠可以用线造出桥，用纤维织出屋顶。印加人利用羊驼的毛织出的一种羊毛织物，极其柔软而华贵，在当时的高原帝国，被视为最珍贵的宝物。在安第斯山区，布料就相当于货币。印加的皇帝们也喜欢用织布能手们织出的柔软布料来犒赏忠诚的王公贵族们，用柔软细腻的布料作为津贴发放给军队。印加皇帝的织品仓库是如此的珍贵，以至于当印加的军队在战斗中被迫撤退时，他们有意将仓库焚毁。

◎羊驼

当时是 1533 年 11 月，弗朗西斯科·皮萨罗率领着他的军队，以胜利者姿态踏入印加帝国都城库斯科。这位狡猾的征服者率领着 180 名骁勇的西班牙士兵，伏击并且勒死了印加皇帝。曾经当过猪倌的皮萨罗，面对令人眼花缭乱的战利品，简直难以相信自己的眼睛。他们七手八脚地从太阳神殿上撬下了一块块装饰金板，还把印加君主们木乃伊上覆盖的金制面具和贵重饰品剥下。但是，皮萨罗这伙人却忽略了所有印加珍宝中最神奇的部分，那就是堪称古印加财富根基的羊驼织物。

皮萨罗和他所率的军队漂洋过海而来，就是为了寻求闪闪发光的金银财宝，而并不是冲着织物而来。而接替皮萨罗的总督们也同样没有注意到印加织物的珍贵。在西班牙人征服印加古国后随之而来的混乱和毁灭之中，印加贵族们曾经垂涎的柔软诱人的织物也消失了。与此同时，在偏远的安第斯山谷中，曾经一度因纺织业而繁荣的村庄也陷入了长达 5 个世纪的贫困之中。

印加人传说中的神奇织物，似乎永远地淹没在历史的长河里了。但是 10 年前，一位名叫珍·惠勒的美国考古动物学家，在查看一些从美洲大陆被发现之前所留下的、出土于埃尔·雅拉尔村的一些干化的羊驼和美洲驼遗体时，对这个说法提出了怀疑。

当时，在埃尔·雅拉尔发现的这些动物遗体，保存十分完好，就连它们的睫毛都完整无缺。"简直令人难以置信"，惠勒回忆道，"这些动物价值连城"。当惠勒后来用显微镜仔细察看这些干化动物的皮毛样品时，她发现了更加了不起的地方——和如今秘鲁无所不在的羊驼身上所产出的毛相比，古老的羊驼的毛就像婴儿的头发一样柔软细腻。惠勒就此做出推断，假如秘鲁人能够重新培育出这些古老的羊驼品种来，那么它们所能产出的织品足以和最优质的羊绒相媲美，通过发展这个新的产业，秘鲁人完全可以从现在的贫困状况下解脱出来。

时至今日，秘鲁距离重新孕育出这些上千年的动物品种，或是重新产出能与印加人所织的布料品质相近的织物还有着相当的距离，但是惠勒在利马建立了一座重要的美洲羊驼 DNA 仓库，除了探求美洲羊驼的神秘起源外，她还设计试验来区分杂交和纯种的羊驼，并构想出一个搜寻控制美洲羊驼产生超细纤维基因的计划。

惠勒从每头动物干尸的 11 个标准点上取下小块的皮毛和纤维，并把它们带到了英国的研究学院。在这里，实验室的研究人员把每块样品上的 200 根纤维逐个装入幻灯片，用一台投影显微镜来对它们进行测量。当数据打出来时，惠勒不由得大为吃惊。埃尔·雅拉尔的动物毛皮颜色和纤维尺寸惊人地均匀，且那些羊毛细得惊人。有些羊驼的毛纤维具有直径为 17.9 微米的均匀纤维——这比起现代羊驼的毛来，直径要细上 4 微米，也就是 0.000406 厘米！对于毛纺厂来说，纤维越细，纺出的织物就越柔软，其价值也就越高。

惠勒还发现，在今天的秘鲁，美洲驼身上的毛纤维过于粗糙和生硬，几乎很少被用于纺织业，多数的秘鲁人只把美洲驼当作驮畜。但是埃尔·雅拉尔的美洲驼毛却具有如丝绸般柔滑的手感，纤维闪着灿烂的光泽。这些驼多数的毛直径为均匀的 22.2 微米，和最好的美洲羊驼毛不相上下。不仅如此，惠勒发现，这些古代动物简直就是活的纤维工厂。例如，一头 12 个月大的美洲驼，已经长出了 17.78 厘米长的毛——而现代的美洲驼，却需要 24 个月的时间才能达到

◎美洲驼

这样的程度。古代羊驼和美洲驼身上有着如此符合人心意的特质，似乎不太可能是偶然产生的。惠勒相信，早期的印第安人已经开始有选择地培育他们的牧群，以特别供给一种古代的纺织工业的需要。她的这个想法，是因埃尔·雅拉尔和其附近的一个叫作齐里巴亚·阿尔塔的地区的家庭，刻意地挑选用来祭祀和埋葬动物的方式而萌生的。这些家庭极少屠宰健康、性成熟的牲畜。相反，他们精选出非常年幼的雄性牲畜，这从牲畜繁殖的角度来讲完全合情合理。

惠勒认为，后来统治这个地区的印加人，很有可能同古代的埃尔·雅拉尔的牧羊人一样，具有高超的技巧。西班牙人所著的编年史里，简短地记录了印加人作为饲者的卓越技能。比如，库兹科的牧师曾要求在不同的祭祀仪式上使用不同颜色的牲畜。这些仪式中就包括在城市的中央广场上将美洲驼慢慢地饿死，这样，天上的神明就可以听到它们的惨叫声，把雨施舍给地上的人们。为了给仪式的举办者提供恰如所需的牲畜，印加的饲者们培育出了纯白、纯黑和棕色的牲畜。

黑水城丢失的文献

1907 年，俄国人科兹洛夫受沙俄皇家地理学会委派，已结束对中国西藏、新疆等地的 3 次考察，正准备开始他的第 4 次远征。他得到了俄国末代沙皇尼古拉二世及太子阿列克塞两次光荣的召见。临行时，他接受了沙皇赐给的 3 万卢布，以及步枪、左轮手枪和子弹。他们对他的这次远足，慰勉有加；以至于多年后科兹列夫回忆起当时的情景，还十分激动与神往。

俄国学者并不否认当年列强从事此类探险，"是在欧美和日本对中国施加政治、经济压力的背景下进行的，探险所得当地地形测量及情况报告，亦可能被用于军事目的，清朝政府对此无疑是做出了一定让步"。只是他们认为，在事过将近百年的今天，对保存和研究中国文化来说，探险所获的知识是"最宝贵的贡献"。

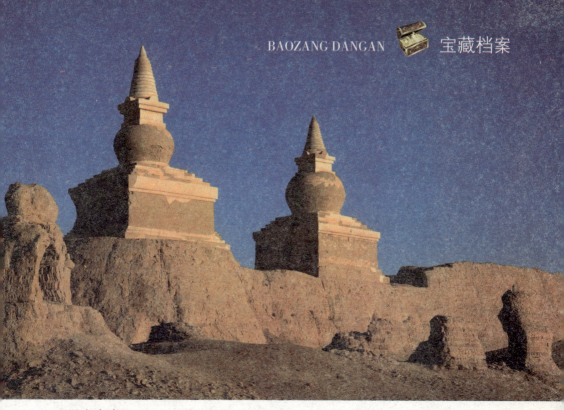

◎黑水城遗址

　　现在看来，在当时众多的外国探险家中，俄国人的鼻子最灵敏。有资料表明，在敦煌，当斯坦因用牛车把经卷抢回伦敦之前，俄国人奥勃鲁切夫早已捷足先登，他用6包日用品骗换了两大包敦煌千佛洞的手抄本，比斯坦因整整早了两年；而对黑水城，最早知道的又是一个名叫波塔宁的俄国人，他甚至在王道士发现藏经洞之前，就从当地蒙古人的著作中知道了黑水城遗址，知道在那儿"拨开沙土，可以找到银质的东西"。据科兹洛夫回忆，他并非第一个觊觎黑水城的外国人，在他之前已有人多次跋涉前往，只是都未如愿以偿。因为当地蒙古族人，不仅没有告诉他们这座故城的所在，而且把他们引向了与黑水城完全相反的方向。

　　1908年3月，科兹洛夫一行抵达蒙古族巴登札萨克王爷驻扎地，即将进入荒漠。这一次，科兹洛夫吸取了前人的教训，努力与当地老百姓，特别是与代表清政府管辖这一地区的王爷搞好关系，对巴登札萨克王爷和土尔扈特达希贝勒等盛情宴请，代为请封，并赠送了左轮手枪、步枪、留声机等礼品，终于攻破了曾经守护了多年的防线，得到了王爷所遣的向导指引，第一次到了朝思暮想的黑水城。

他们在黑水城逗留了 13 天，"挖呀，刨呀，打碎呀，折断呀，都干了"。然而，"探察和发掘基本上未按考古学要求进行"，"对发掘品未作严格记录"。最后，他们将所获的佛像、法器、书籍、簿册、钱币、首饰等装了 10 个担箱，共重 1160 千克，通过蒙古邮驿，经库伦运往彼得堡。

客观地讲，科兹洛夫的首次盗掘所获并不算丰富，对他个人来说，更重要的是找到了黑水城遗址，虽然当时他不可能意识到这一点。也许他是失望而去的。首次盗掘物运抵彼得堡后，俄国地理学会很快就做出了鉴定反馈，因为其中有以西夏文这种早已消失、无人能识的死文字刊行或抄写的书籍和簿册，引起了敏锐的俄国汉学家鄂登堡、伊凡阁等人的惊讶和重视。1908 年 12 月，科兹洛夫收到了沙俄皇家地理学会要求他放弃前往四川的计划，立即重返黑水城，"不惜人力、物力和时间从事进一步发掘"的命令。

1909 年 5 月底，科兹洛夫一行再抵黑水城，在与考察队保持着"愉快的关系"的土尔扈特贝勒的帮助下，雇用当地民工，由俄国人指挥，在城内城外各处重新踏勘发掘。

起初并没有惊人的发现，科兹洛夫本人则不仅"未正规参加发掘"，"甚至连很有意义的发现物也不曾登记在城市平面图上"。如果体会他 5 月 27 日日记中的话——"时间是五点钟，已感到天地炎热，不禁想到在凄凉、死寂的黑水城我们将如何工作"——可以感到他对这次重返发掘，并非一开始就充满信心。

然而，奇迹出现了。6 月 12 日，他们打开了西城外一座高约 10 米，底层面积约 12 平方米的"著名佛塔"，呈现在眼前的竟是层层叠叠的多达 2.4 万卷古代藏书和大批簿册、经卷、佛画、塑像等等，无怪乎后来俄国人声称简直找到了一个中世纪的图书馆、博物馆！他们在因此次发掘后而闻名遐迩的佛塔内，整整工作了 9 天。取出文献和艺术品运往营地，粗略分类打包后，用四十峰骆驼装载数千卷举世罕见的文献与五百多件精美绝伦的艺术品，踏上了西去的归途。极具讽刺意义的是，持"友好态度"的土尔扈特贝勒还带着自己的儿子及

◎黑水城遗址

全体属官，骑着高头大马来为他们送行。

今天我们已经知道，这2万多卷中国中古时期的珍藏，是继殷墟甲骨、敦煌文书之后，又一次国学资料的重大发现。如果说15万片甲骨卜辞的发现，把中国有文字记载的信史提前到了3000多年前的殷商时代，敦煌数万卷遗书重现了从西晋到宋初传抄时代卷轴装书籍多姿多彩的风貌，那么黑水城出土文献则在时间上延续了敦煌文献，展示了辽、宋、夏、金、元，特别是西夏时期的文化资源。它们中绝大部分是西夏文文献，内容包括语言文字、历史、法律、社会文学、古籍译文以及佛教经典等；其余则为汉文文献，有直接从宋、金传入西夏的书籍，有西夏刻印抄写的书籍，还有不少宋、西夏、元时期关于官府、军队、百姓的档案、文书；此外还有一些藏文、回鹘文、波斯文等其他民族的文字资料。黑水城出土文献具有极高的文献价值和版本价值，然而从它们再现于世的第一天，便沦为外国探险家的囊中之物。

1909年秋天，科兹洛夫盗掠的黑水城珍宝运抵彼得堡。如今，全部文献藏于俄罗斯科学院东方研究所圣彼得堡分所，相关艺术品则藏于国家埃尔米塔什博物馆（冬宫）。

哈马丹的黄金城

古代的伊朗人告诉世界，他们的国家有一座用黄金建造的城市，这就是伊朗人最初的国家——米底帝国的都城哈马丹。

"历史之父"希罗多德告诉我们，哈马丹城的建立者是米底王国的创立者戴奥凯斯。关于戴奥凯斯这个人是否真实存在，过去人们一直抱有怀疑的态度。即使后来人们在亚述文献中也发现了这个名字，学术界仍然有人坚持说此戴奥凯斯非彼戴奥凯斯，亚述文献中记述的与希罗多德所说的并不是同一个人。不过，多数学者倾向认为这两个人实际就是同一个人，即米底国家的创立者戴奥凯斯。

据说戴奥凯斯本来是部落首领的儿子，自幼就十分聪明，长大后的他为了取得国王地位，努力在本部落中主持正义，被选为仲裁者。他的美名后来逐渐传遍四方，所有的米底人都同意选举他为国王，给他修筑了一座与国王身份相配的宫殿，建立了一支禁卫军。随后，他又强迫米底人给他建造了一座城市作为自己的新都，它就是今日的哈马丹，希腊人称之为厄格巴丹。哈马丹的建立，是米底帝国的开始，戴奥凯斯自然也就被认为是这个帝国的创立者。

◎哈马丹城遗址

从这一点来看，它的出现很可能要大大早于戴奥凯斯时期。

哈马丹城墙厚重高大，是一圈套着一圈地建造起来的。每一圈里面的城墙都比外面一圈要高。由于城市建筑在平原上，这种结构对防御外敌进攻大有帮助。据给希罗多德介绍情况的伊朗人说，哈马丹的城墙共有七圈，最外面一圈城墙为白色，长度与雅典城墙大致相等。第二圈是黑色的，第三圈是紫色的，第四圈是蓝色的，第五圈是橙色的，第六圈是白银包着的，第七圈是黄金包着

◎哈马丹风光

的。戴奥凯斯的王宫，就在镶着黄金的城墙之内。

世界上怎么还有这样奢侈的城市呢？所以希罗多德关于哈马丹有七圈城墙的说法，听起来就像个神话传说，特别是说最后两道城墙包上了白银和黄金，就更像是海外奇谈，令人不敢相信。不过既然是在文学作品中出现这样的描述，夸张必然不可避免，况且那个时代的西方人大都喜欢把东方描绘成人间乐园，好像那里黄金遍地，财富无穷。希罗多德就曾经这样告诉过希腊人："谁要是占有苏萨的财富，就可以和宙斯斗富。"而当时的苏萨城，绝对算不上西亚最富裕的城市。

根据同时代巴比伦人留下的楔形文字资料，以及后来的《亚历山大远征记》等的记载，我们知道，哈马丹城和两河流域城市一样，并没有七道城墙，也更没有什么金墙、银墙。历史上的哈马丹在伊朗语中，有"汇聚之地"的意思。因为，它不仅是米底帝国的政治中心，也是古代伊朗交通要道的中心，它维持

◎哈马丹铭文

着东西方繁荣的国际贸易，著名的丝绸之路就经过这里。

　　尽管没有任何文字资料，但是我们从亚述宫廷浮雕中还是可以看出米底王国一般城市的大致情况。它们都有坚固的城墙，高耸的塔楼。城墙外有护城河，足以抵抗强大敌人的进攻。同时，我们从希罗多德所说的得知，米底王宫离城墙很近。这与其他国的都城，如尼尼微和巴比伦情况相同，那里的王宫与城墙也很接近，或者说城墙本身就是王宫防御体系的一部分。

　　米底帝国灭亡之后，哈马丹又成了古波斯帝国四大都城之一。古波斯历代帝王，每逢夏季都要来哈马丹的夏宫避暑。后来，哈马丹又成了塞琉西王朝在东伊朗的统治中心。安息时期，哈马丹一度是安息的都城，并且是丝绸之路中段的重镇之一。哈马丹在伊朗历史上繁荣了2700多年之久，直到今天，它仍然是伊朗最主要的城市，并且是伊朗农牧业生产的中心。

　　根据米底王国初期的情况判断，哈马丹城里可能是分部落或种族而居，每个居民区之间可能有围墙加以隔开，就好像中古伊朗城市的居民区一样，也是按部落居住的。哈马丹的这些围墙加上宫墙和外城墙，总数可能正好是七道。当然，古代哈马丹城的街区也可能就和今天的情况一样，居民区就像蜘蛛网一般，一圈又一圈，围绕王宫形成了七个包围圈。不过，由于古波斯帝国时期的哈马丹遗址至今还没有进行任何发掘，因此，古代哈马丹城的情况，今天仍然笼罩着一层神秘的面纱。

奇迹般的黄金隧道

　　1969 年 7 月 21 日，一个名叫莫里斯的阿根廷人，将一份上面有着许多见证人，并且已获得厄瓜多尔共和国承认的合法地契公诸社会，立刻引起轰动。因为这份地契讲述了一个令世人难以置信的故事。

　　1972 年 3 月 4 日，由厄瓜多尔考古学家法兰士和马狄组成的科学调查小组，在莫里斯的带领下，对大隧道展开调查。

　　隧道入口由一块大岩石凿通而成，几只夜鸟忽然飞出洞口，越发阴森恐怖。毫无倦意的莫里斯兴奋异常，此地是一支骁勇善斗的印第安人部落聚居区。这个神秘入口，就是大隧道的入口，隧道在厄瓜多尔和秘鲁的地底延绵好几百千米。他们又沿绳垂直下到第二平台和第三平台，每台高度都达 75 米。下到洞底，莫里斯领头摸索前进。法兰士注意到隧道的转角处都是呈直角形的严谨设计，有些很窄，有些又很宽，所有洞壁都很光滑，洞底非常平坦，很多地方像涂了一种发光颜料。很显然，这隧道并非天然形成的。

　　法兰士试图用罗盘测量这些通道的方向，但罗盘指针不会动。"这里有辐射，所以罗盘失灵"，莫里斯解释说。在其中一条通道的入口处，有一副骸骨精心摆放在地上，上面洒满金粉，在调查队员的灯光照射下闪闪发光。

　　他们目瞪口呆地站在一个巨大厅堂的中央。这个大厅的面积约为 21000 平方米。大厅中央有一张桌子，桌子的右边放有 7 把椅子。在 7 把椅子后面毫无规律地摆放着许多动物的模型，有蜥蜴、象、狮子、鳄鱼、豹、猴子、美国野牛、

◎厄瓜多尔的黄金隧道

狼、蜗牛和螃蟹。更令人惊异的是这些动物都是用纯金做成的。在桌子的左边便摆放着莫里斯的地契所提及的金属牌匾及金属箔。金属箔仅几毫米厚，65厘米高，18厘米宽。

莫里斯在大厅找到一个石刻，11.43厘米高，6.35厘米宽，正面刻着一个身躯为六角形的人，右手握着一个半月，左手则拿着太阳。令人惊奇的是双脚是站在一个地球仪上。这石刻是在公元前9000年至前4000年做成，这说明那时的人已知地球是圆形的。

法兰士认为这个隧道系统在旧石器时代已经存在。他拿起一块刻着一头动物的石刻，它有29.20厘米高，50.32厘米宽。画面上所表现的动物有着庞大的身躯，正用它粗大的后腿在地上爬行。法兰士认为石刻画的是一条恐龙。法兰士不敢再想象下去：难道有人曾经见过恐龙？

在庙宇的圆顶上，还绘有一些人像在空中翱翔或漂浮着，令法兰士惊异的是这个庙宇的模型，可能是圆顶建筑最古老的样本。此外，一些穿太空服的人像，更是让法兰士不可思议。

一个有着球状般鼻子的石刻人跪在一根石柱下，他头戴一顶遮耳头盔，极像现在我们用的听筒；一对直径 5 厘米的耳环则贴在头盔前面；耳环上钻有 15 个小洞；一条链子围住他的脖子，链子上有个圆形牌子，上面也有许多小孔，很像我们现在的电话键盘。

这个隧道系统是谁建造的？有没有人知道这些稀世奇珍是谁遗留下来的？带着疑问，调查队沿原路退出洞穴，又赶往位于厄瓜多尔古安加的玛利亚教堂，因为基利斯贝神父收藏着许多来自隧道的珍宝。

尤其令人吃惊的是一个纯金制成的女人像。她高 30 厘米，头像两个三角形，背后焊接着一对细小的翅膀，一条螺旋形金线从她耳朵里伸出来。

她有着健康、发育完美的胸部，两脚跨立，但无两条手臂，穿着一条长裤；一个球形物浮立在她的头顶上面。法兰士感到她两边的星星透露出她来自何处。那是一颗陨落了的星球吗？她就是从那颗星球来的吗？

基利斯贝神父收藏的大量金属箱，上面刻有星星、月亮、太阳和蛇。其中一块金箔的中央刻有一个金字塔，两边各刻有一条蛇，上面有两个太阳，下面是两个工人似的怪物及两头像羊一样的动物，金字塔里面是许多带点圆圈。

最让法兰士震惊的是，他在基利斯贝神父这里见到了第三架史前黄金模型"飞机"。第一架他是在哥伦比亚的保华达博物馆见到的，第二架则仍放在大隧道里。多年来一些考古学家把模型

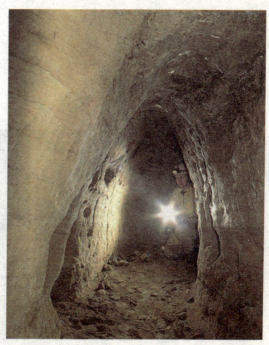

◎厄瓜多尔的黄金隧道

"飞机"看成是宗教上的装饰品。然而从模型几何形的翅膀、流线型的机头及有防风玻璃的驾驶舱看，很像美国的 B-52 轰炸机，它的确是架飞机的模型。

难道史前便有人能够构想出一架飞机的模型？一切都无定论，一切都是谜团。至今为止人们仍无法确定或找出这隧道究竟是谁建造的。隧道里面，存放着那么多无从稽考的壁画牌匾、黄金制品和雕刻品，这一切意味着什么呢？

巴克特里亚宝藏

1978 年现世的阿富汗绝世文物"巴克特里亚宝藏"，是世界上最伟大、最有考古价值的宝藏之一。不过，在阿富汗长期的战乱中，该宝藏的下落曾经一度是个谜。最近，一位曾负责守卫"巴克特里亚宝藏"的阿富汗中央银行职员，第一次披露了当年守卫宝藏的经历，其中讲述了他通过艰苦斗争，最终没让该宝藏落入塔利班之手的惊险故事。

据英国媒体报道，披露这段经历的阿富汗男子名叫阿斯克扎伊，今年 50 岁。作为阿富汗中央银行职员，他曾经负责守卫"巴克特里亚宝藏"。

1978 年，在苏联入侵阿富汗前夕，希腊裔苏联考古学家维克托·圣里耶

◎巴克特里亚（大夏）王国狄奥多图斯二世斯塔特金币

◎巴克特里亚（大夏）的巴米扬石窟

尼迪斯，在阿富汗北部地区的古代坟墓和考古遗址中，发现了"巴克特里亚宝藏"，该宝藏共出土了两万件精美的古代黄金制品。其中，最引人注目的有三样：一顶金冠，一个用纯金打造的希腊神话中"爱与美"女神阿芙洛狄忒的饰物，还有一柄用宝石镶嵌的短剑。

但很快，阿富汗就卷入了长期的战争旋涡，该宝藏一度下落不明，人们对其命运曾有种种猜测，有的说宝藏已被苏联官员偷运到莫斯科，还有的说随后控制阿富汗的塔利班政权找到了宝藏，并把古老珍贵的黄金制品偷偷熔化成了金条。

现在，阿斯克扎伊向公众透露了宝藏的真正命运。他说，1989年，随着战争威胁的增大，当时在位的阿富汗临时总统纳吉布拉命令警察转移"巴克特里亚宝藏"。于是，阿警察把成箱的宝藏装在七辆闷罐车里，从喀布尔国家博物馆运送到当时看来最安全的地方——阿富汗总统府。

随后，宝藏被藏到了总统府达努拉曼宫秘密的地下宝库里，宝库有七扇钢铁大门，每扇大门上都挂着一把厚实的大锁。当时的阿富汗政府挑选了七名可

◎巴克特里亚宝藏中令人炫目的文物

靠的阿富汗中央银行职员保管这七把钥匙，并负责保卫这个宝库，阿斯克扎伊就是其中之一。

阿斯克扎伊说，1996年，塔利班政权统治喀布尔后，一直试图找到这个宝库。有一天，得到一些线索的塔利班派了10名毛拉和一些珠宝商来到总统府达努拉曼宫，他们把冰冷的手枪顶在阿斯克扎伊的头上，命令他带他们去寻找宝库。

阿斯克扎伊回忆说，当时的情况非常紧张，但最后，他只给他们打开了宝库的很小一部分，让他们见到了一些黄金制品，真正的大部分宝藏其实藏在另外一个地方。

那段日子里，阿斯克扎伊饱受折磨，多次被塔利班严刑拷打，然而，即使被打得昏迷过去，他也一直没有说出宝库的任何秘密。阿斯克扎伊说："我并不害怕，我当时没有在意我的生命。"

阿富汗财政部长加尼也证实了这一点。他说，保护宝库的阿富汗中央银行职员在塔利班进入喀布尔后，冒着生命危险没有透露这个宝库的秘密，从而成功地阻止了塔利班夺走"巴克特里亚宝藏"。

龟兹石窟的珍宝

在天山南麓，西汉通向西域的北道上，有一个重要的西域古国——龟兹。今天的库车县就是昔日龟兹王国的所在地。龟兹王国在西汉时期，就是西域三十六国中最大的绿洲王国，地处丝绸之路要冲。汉唐时代曾先后在这里设置西域都护府和安西都护府。

公元 3 世纪至 10 世纪开凿的众多佛教石窟，是龟兹地区最有价值的佛教文化遗产。这些分布在库车、拜城等处山谷中的石窟，以开凿时间早、内容最富外来文化色彩而出名。如著名的拜城克孜尔石窟、库车的库木吐拉石窟（千佛洞）、克孜尕哈石窟、森木塞姆石窟等。这种建造在山崖上的寺庙，构成了古代龟兹地区石窟建筑特有的面貌与内涵。

石窟内大都绘有壁画。公元 6 世纪以前，主要有释迦、交脚弥勒和表现释迦的本生、佛传、因缘等图像。公元 6 世纪出现了千佛。公元 8 世纪以后，逐渐受到中原北方地区石窟的影响，中原北方盛行的阿弥陀和阿弥陀净土，以及一些密教形象也逐渐地传播到了这里。

龟兹是西域佛教中心，而昭怙厘寺又是龟兹最大的寺庙。关于昭怙厘寺的

◎新疆龟兹克孜尔千佛洞

遗址，有种种说法。清人徐松在《西域水道记》中，首倡库木吐拉千佛洞遗址与河西岸古城遗址，即玄奘所说的东西二昭怙厘寺。再就是"苏巴什遗址即昭怙厘大寺"说，此说由斯坦因发端并在学界得到较广泛认可。

出库车向北行 20 多千米，昭怙厘佛寺遗址就呈现在雀格塔尔山下广阔的戈壁滩上了。铜广河从戈壁中间流过，把佛寺分成东区和西区两部分，东、西遗址在两岸台地上隔河相对。多年来，人们把这里称为苏巴什古城。苏巴什是维吾尔语，即"龙口"之意，其实它是一座典型的佛教寺院。

随山势起伏，整个遗址一层层铺开，参差错落，逶迤延伸。在河西遗址南北长 700 米、东西宽 200 米的范围内，分布着僧房、寺院、佛塔、窟群。保存较好的是靠近西河岸的一座方形大寺，四周有坚实厚重的墙垣。由寺南边的门进入殿堂残址，中央立着一座高 9 米的方形土塔。大寺之外还有一组禅堂佛殿

遗址。殿堂之西的戈壁上有一方形塔基和三角形塔身，高达 10 余米的舍利土塔之南连接着梯形平台，台上禅室内有残存的壁画。佛塔北面僧房禅室鳞次栉比，毗连数里。

历史上战争的破坏，自然界风沙的摧残，早已使一度辉煌的昭怙厘寺疮痍满身，面目全非，加之 20 世纪初外国探险队的纷至沓来，又给昭怙厘寺带来诸多纷扰，使它历尽了磨难。先后有俄、法、日、英、德等国的探险家，曾在这里大肆挖掘。他们盗掘、偷运了大量的佛像、壁画、古钱币和文书等珍贵文物，特别是日本大谷光瑞探险队和法国的伯希和，在这里发现了不少舍利盒，全部运到日本和法国。

有一个不平常的舍利盒，被大谷光瑞于 1903 年带往日本，现存东京，由私人收藏。这个舍利盒为木制。盒身被红、灰白、深蓝三种颜色覆盖，还镶有

◎克孜尔石窟壁画

一些方形金箔装饰，盒内仅存骨灰，外形没有什么特殊之处，故蒙尘半个多世纪，没有被人们所注意。到了20世纪50年代，有人突然发现这个舍利盒颜色层内有绘画的痕迹，经剥去表面颜料，终于露出盒上绘制的图像，使精美的乐舞图重见天日，大放异彩。

舍利盒身为圆柱体，盖呈尖顶形，高31厘米，直径约38厘米，体外贴敷一层粗麻布，再用白色打底，然后施色，画的外面还涂有一层透明材料，制作十分精巧。盒盖上绘有四位演奏乐器的裸体童子，分别演奏筚篥、竖箜篌、琵琶和弹拨乐器。令人惊叹的是，盒身周围绘有形象十分生动的乐舞图，这是一件极罕见的反映龟兹音乐舞蹈艺术活动的珍贵资料，也是龟兹当时世俗生活的真实写照。

据日本学者熊谷宣夫研究，这个舍利盒是7世纪时所造。这一时期是中国隋代末期和盛唐初期。由于中央政府在龟兹先后设立都护府，使龟兹社会的各方面都得到迅猛发展，成为西域广大地区的政治文化中心。在这种形势下，音乐舞蹈等艺术也出现了空前繁荣的景象。龟兹社会的昌盛发达，完全可以从这幅乐舞图热烈的场面、饱满的情绪、丰富的舞姿、华丽的服装、多样的乐器和各式人物的神采里感受到。可以说，这幅乐舞图是龟兹社会繁盛历史的缩影。此舍利盒从昭怙厘佛寺出土，从一个侧面反映了佛教文化和龟兹社会风行歌舞的盛况。同时，舍利盒制作和绘画非常精美，又出土于昭怙厘佛寺的中心殿堂的废墟下，显然是一位德高望重的名僧火化后所用。从而也证明了龟兹艺术强烈地影响着佛教文化。世俗的乐舞艺术堂而皇之地闯进佛教文化的门槛，并被"超脱尘世"的佛教僧侣所接受和喜爱，反映出歌舞艺术的巨大穿透力。

龟兹石窟群是幸运的，因为它并没有像玛雅人的金字塔和巴比伦的空中花园那样随着历史风尘逝去；龟兹石窟群又是不幸的，因为它在历史的长河中蒙受了太多的苦难，曾经属于它的无数珍宝也许永远都不会再返回！

四川大佛隐藏的佛宝

据史料记载，乐山大佛开凿于唐玄宗开元初年（公元713年），完成于唐德宗贞元十九年（公元803年），历时90年。后人提到乐山大佛的修造，似乎都归功于海通（传说乐山大佛创始者），事实上，海通筹措资金就用了10年时间，参加开凿的时间仅仅8年，前后仅18年。海通圆寂之后，剩下的大部分工程都是在地方政府的组织下完成的。海通主持开凿成形了大佛的头部至胸部，剑南西川节度使章仇兼琼主持了大佛胸部至膝部的工程，大约用了7年时间。章仇兼琼的继任者韦皋主持装金点彩的通体上色工程、九曲栈道等配套设施，还有专门保护佛像的大像阁工程等，耗时15年。

曾经有研究佛教文化的学者指出："修造大佛是唐王朝的一项形象工程。"但是在当时，唐玄宗刚刚接手政权，之前一系列的宫闱内乱大大地伤了朝廷元气，吏治的混乱、腐败亟待治理，国库亏空非常严重，甚至捉襟见肘。

传说长安四年（公元704年），当时20岁的临淄郡工李隆基，也就是后

◎四川乐山大佛

来的唐玄宗，偶然得到了一枚珍贵的心状佛祖真身舍利，并梦见一巨佛坐于三江之畔远眺峨眉山。经人解梦，这是大吉之兆，预示着李隆基将得天下开创盛世。公元713年，李隆基亲率兵马铲除了太平公主的势力，掌握了作为一代帝王的实权。当年，唐玄宗把年号改为开元，为了感恩还愿，他启动了乐山大佛的修造。把佛祖释迦牟尼真身舍利与无数的珍贵佛教法器，秘密收藏在大佛之中，完成一个夙愿轮回。

随着那些神秘事件的传说，总有些似通非通的歌诀一起流传。关于乐山大佛的歌谣是："佛中有佛、佛在心中、佛心藏宝。"可是却从来无人知道它明确的指向。

20世纪80年代，广东一位叫潘鸿忠的农民，偶然发现乐山大佛的栖息地实际上是一尊三山相连的"巨型睡佛"，而乐山大佛正处于这尊睡佛的心脏部位。这样一来，"佛中有佛、佛在心中"的佛界之说似乎得到了印证，那么"佛心藏宝"又将着落在哪里呢？

唐代大佛竣工后，剑南西川节度使曾在上方修建了一座13层的楠木大橡阁，后被毁于大火，宋代重建，称为"天宁阁"，后来被毁。但不知何年，因何原因，这天宁阁的记事残碑竟然嵌在了大佛的胸部。时至今日，关于乐山大佛的宝藏依然迷雾重重。这个"藏脏洞"更注重的是宗教上的意义，和唐玄宗以后流传下来的佛宝之谜似乎不是一回事。

古时候修建佛像，的确有在佛像上修建密室藏东西的例子，这也是佛教教义允许的。按佛教造像仪规，在佛教造像身体上一般设有"藏脏洞"。藏洞内所装东西多为"五谷"及"五金"（金、银、铜、铁、锡）。"五谷"象征菩萨保佑"五谷丰登"；"五金"象征菩萨保佑"招财进宝"。还有的佛身藏洞内装的是仿制五脏六腑的器皿或经书帛卷，象征"肝胆相照"或"真经永驻"等等。这些器物的象征意义大于它们本身的价值，历代的盗宝者实在是枉费了心机。"佛是一座山，山是一座佛"的乐山大佛是否也还另有不为人知的隐秘？

1999年，3个成都游客在乐山大佛心脏部位发现了一尊"小佛"的隐约身影，头及眼、鼻、嘴等五官身形清晰可见。随后又有当地人惊异地发现，这尊"小

◎乐山大佛

佛"的身影刚好位于乐山大佛胸前的藏宝洞位置。

专家考证，这个佛心的小佛可能是当时修造大佛的"小样"，也许在大佛完工后，可能秘密地举行过一项重大的祭奠仪式，将"小样"隆重地请进大佛"心中"的佛龛珍藏。

经过认真考证，人们发现，这个"小佛"可能是历年来对大佛的维修、保护中填补的石料经风化后自然形成的。"小佛"存在位置的石料显然与母匣不同，明显存在修补、填充的痕迹，因苔藓、风化加上光照角度等原因，看上去的确像是一个佛像。虚惊过后，"佛中有佛"指的到底是什么？"佛心藏宝"是一个偈语还是确有其事？

从开凿大佛的那一天起，就有种种不合常情之处，因而后人相信必有一个重大的秘密依附在它身上。如果真有珍宝法器藏在大佛身上，那么今天它们是早已散失无形，还是依然在某一处不为人知的地方沉睡？在1200多年的历史中，大佛不停地被损毁，也不停地被修复，很可能就在这个过程中，佛宝已被劫掠而去了。年代越久远越不可考，所以只能从现代开始追溯。

在 20 世纪初的战乱中，大佛遭受的劫难颇多。1917 年，川、滇军阀争夺地盘，在乐山隔江作战，大佛面部为炮弹所击，伤痕累累，虽然经寺僧果静募款修补，仍难恢复往日之面目。1925 年，驻扎乐山的军队，在大佛坝架起枪炮，正对大佛菩萨当炮靶，一时间佛像前炮声轰轰，硝烟弥漫，至今大佛身上还留有弹痕。但要说乱军盗了佛宝，可能性并不大。在那个无法无天的年代，如有宝物出世，只会轰动一时而无所避讳。再往前追溯，忽必烈进攻南宋四川嘉定，火烧天宁阁；明末兵火，张献忠纵兵在乐山地区烧杀劫掠。佛宝是否就散失在这些刀兵之中已是不可考了。

罗亚尔港的海盗宝藏

16 世纪，中、南美洲是西班牙的天下，殖民强盗搜刮了大量金银财宝，一船船运回欧洲。在入侵西半球方面，英国落后西班牙一步，除了控制北美洲北部地区以外，很难染指西班牙的势力范围。心里不平衡的英国嫉妒西班牙抢到的巨额财富，就怂恿海盗专门袭击西班牙的船只，并为之提供庇护所。与此同时，欧洲一些亡命之徒沦为海盗，在美洲沿海抢劫过往商船，特别对抢劫西班牙皇家的运金船更感兴趣。英国政府当时专门辟出英属殖民地牙买加岛东南岸的罗亚尔港作为海盗的基地，罗亚尔港于是成为历史上海盗船队的最大集中地。

罗亚尔港公开身份是牙买加首府，非正式身份是海盗首都，海盗抢夺来的金银珠宝在这里堆成山，一船船金子有的时候都轮不到卸船，只能停放在港口里等候。这里是人类历史上最邪恶的城市，也是最堕落的城市，虽然只有几万人生活在这里（其中大约 6500 人是海盗），但城市的奢侈程度远远超越当时的伦敦和巴黎。整个城市没有任何工业，却可以享受最豪华的物质生活。中国的丝绸、印尼的香料、英国的工业品一应俱全。当然最多的还是金条、银条和珠宝。

◎罗亚尔港

1692 年 6 月 7 日，中午时分，大地忽然颤动了一下，接着是一阵紧过一阵地摇晃。地面出现巨大裂缝，建筑物纷纷倒塌。土地像波浪一样在起伏，地面同时出现几百条裂缝，忽开忽合。海水像开了锅，激浪将港内船只悉数打碎。穿金戴银的人们在屋塌、地裂、海啸的交逼下疯狂奔走，企图找一个庇身之所。11 时 47 分，一阵最猛烈的震动后，全城 2/3 没于海水底下，残存陆地上的建筑物也被海浪冲得无影无踪。

罗亚尔港从此消失在大海中，直到 1835 年，在风平浪静的日子里，人们仍能清楚地看见海底城市的痕迹，一些沉船、房屋依稀可辨。当时测量，沉城处于海平面之下 7 到 11 米。再以后，泥沙和垃圾层层覆盖，罗亚尔港在人们的记忆中湮灭了。

牙买加独立以后，政府一直没有放弃寻找这个海葬城市。1959 年，牙买加政府和海下考古学家罗伯特·马克思签订挖掘条约。条约规定马克思只负责挖掘，而挖出的所有财宝都归牙买加政府所有。之后，马克思找到了一部分城市遗址，并挖出了价值几百万美元的珠宝和大批生活用品。其中最有历史价值的是一只怀表，表针指向 11 时 47 分，由此确认了古城沉没的时间。而最有趣的是一尊没有头的雕像，专家研究证实这是中国人信奉的观音。4 年以后，马克思以"再也挖不到财宝"为由离开牙买加。所有的人都不相信罗亚尔港只有这一点财宝，但谁也猜不出马克思离去的真实原因。

　　1990 年，美国得克萨斯州 A & M 大学接到牙买加政府的邀请，再次开始罗亚尔港的挖掘工作。A & M 大学的专家们准确找到罗亚尔港的主要沉没地点，他们发现当年马克思挖出来的宝藏只是非常小的一部分，99% 的宝藏还沉在海水里。现在罗亚尔港宝藏的寻找工作还在继续，不过牙买加政府没有决定打捞已经发现的物品和金银。没有人知道这个被海葬的海盗首都到底还能给人类带来多少惊喜。

 # 丹漠洞的丧命之财

　　丹漠洞被称为爱尔兰最黑暗的地方，因为这个洞穴记录了一次惨无人道的大屠杀。公元 928 年，挪威海盗来到爱尔兰，对基尔肯尼附近一带进行洗劫。当时居住在丹漠洞附近的居民为了逃命，在海盗袭来的前几个小时集体躲到洞中。丹漠洞是一个巨大的溶洞，洞里地形复杂，连串的小洞穴一一相连，避难的人认为这是绝佳的藏身之地。他们幻想海盗抢完能抢的东西后就会离开。然而丹漠洞的入口太过明显，海盗很快发现了洞中藏人的秘密，一场血腥的大屠杀开始了。海盗进入洞里，把所有发现的人都杀死了，估计有 1000 多人，然后守在洞口半个月，那些没有当场被杀死的人后来都因感染或饥饿而死了。

　　之后将近 1000 年，丹漠洞成了爱尔兰的"地狱入口"，再没有一个人敢进入洞中。直到 1940 年，一群考古学家对丹漠洞进行考察，仅仅在一个小洞穴里就发现 44 具骸骨，多半是妇女和老人的，甚至还有未出世的胎儿的骨骼。

◎丹漠洞入口

骸骨证实了丹漠洞曾经的悲剧，1973 年这里被定为爱尔兰国家博物馆，每年迎接无数游客前来纪念那些惨遭屠杀的人。

然而，丹漠洞的故事到这里还没有结束。1999 年，一个导游的偶然发现证实，这里不仅是黑暗历史的纪念馆，沉默的洞穴中还隐藏了永恒的宝藏。

1999 年冬天，一个导游准备打扫卫生，因为寒冷的冬季是旅游淡季，丹漠洞将关闭一段时间。他准备仔细清理游客留下的垃圾，所以去了很多平时根本不会去的洞穴。在一个离主路很远的小洞里，导游突然看到一块绿色的"纸片"粘在洞壁上，他以为那是一张废纸。走上前去，赫然发现那根本不是什么纸片，而是什么东西从洞壁的狭缝中发出闪闪绿光。导游用手指往外抠，结果抠出一个镶嵌着绿宝石的银镯子！

诚实的导游马上将发现报告政府，在接下来的 3 个月里，爱尔兰国家博物馆的工作人员从那个狭缝中挖出了几千枚古钱币，一些银条、金条和首饰，另外还有几百枚银制纽扣。这些东西应该是当时躲藏的人随身携带的。也许为了让财物更安全，他们把值钱的东西集中，然后藏在一个隐蔽小洞里，甚至把衣服上的银纽扣都解了下来。海盗之所以屠杀所有的人，也许和没能发现这些财宝有关。由于在潮湿的洞里待了1000多年，挖出来的东西都失去了金属原有的夺目光彩。国家博物馆的几十个专家工作了几个月才让所有艺术品和钱币重现光彩。

丹漠洞遗址宝藏是爱尔兰最重要的宝藏，被收藏在国家博物馆，一直没有完全对外展示过。虽然宝物数量不是很多，但其历史价值和考古价值远远超过其本身价值。考古人员说，有一些工艺品和纽扣的样式十分古怪，在所有和海盗有关的文物中都是独一无二的。在丹漠洞中被杀害的人现在可以安息了，他们为之丧命的财宝现在成了爱尔兰的国宝，将永远聆听世人的惊叹和赞美。

丹漠洞遗址宝藏因为其独一无二的血腥背景和考古价值排在世界十大宝藏的第六位。

钱坑深井里的宝藏

名作家马克·吐温在《汤姆索亚历险记》中描述说，海盗的宝藏都是装在破木箱里，埋在老橡树下，半夜时，这棵树的树枝阴影所落下的地方就是藏宝地，这类情景几乎就是"钱坑"宝藏的再版。

1795年10月，三位少年登上离加拿大仅4.83千米处的橡树岛旅游，他们发现朝海一面的大片红橡树林中突然出现空旷地，地中间独立长着一棵古橡树，树枝上似乎挂着一个古船样子的吊滑车，正下方有一个浅坑，根据迹象判断，这里可能埋有海盗的宝藏。

原来，橡树岛在17世纪时是海盗出没之地，有一个著名海盗叫威廉·基德，1701年他在伦敦被处决，临死前提出一个交换条件：若他能免一死，愿说出一个埋宝地方。但他遭到拒绝，连同那个宝藏一道被送进了阴间。三位少年开始挖掘，发现那坑像个枯井，每隔3米就碰到一块橡木板，除此之外，再无其他收获。

1803年，又一群人继续挖掘，当挖到27.4米深时，发现了一块刻有神秘

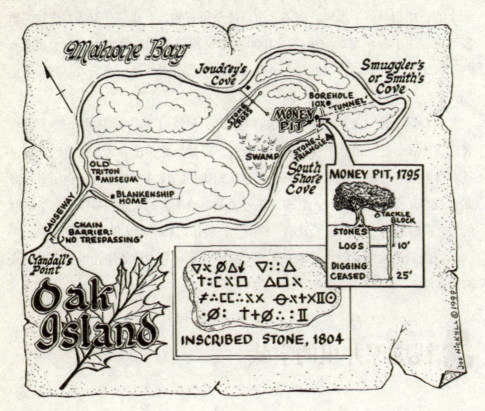

◎橡树岛宝图

符号的石板，经专家破译，意思是：在此下面 12.2 米埋藏了 2000 万英镑。人们欣喜若狂，他们一边抽水一边挖掘，在一天晚上用标杆探底时，在 30 米深处触及类似箱子的硬物，当即大伙谈起了宝藏分配，可是第二天，人们惊讶地发现，坑内积水已达 18.2 米深，于是希望成为泡影。

仍不死心的掘宝者又陆续做过 15 次挖掘，耗资 300 万美元。在 1850 年时，人们又有个奇怪的发现，退潮时，"钱坑"东面 152.4 米处海滩上不断冒水，犹如吸满水的海绵不断受挤压一样，同时又发现了一套精巧复杂的通向"钱坑"的引水系统，它们使"钱坑"变成一个蓄水坑。

于是人们做出一个推论：海盗将钱坑挖得很深，然后从深处倒过来挖出斜向的侧井，宝藏可能离"钱坑"几百米远而埋在斜井尽头，离地面不过 9.1 米深，这使海盗们可以迷惑掘宝者而自己又能轻易挖出宝藏。

◎左图为人们在橡树岛挖出该有古怪文字的石板。右图为"钱坑"

　　1897年人们又在47.2米深处挖出一件羊皮纸卷，上用鹅毛笔写着二封信，有的人还挖出了铁板，这些发现更使人相信：海盗们埋了一笔巨大财富。20世纪初时人们估计有1000万美元，到了20世纪60年代，便传说有1亿多美元了。

　　在挖掘"钱坑"时，曾有一个传说：必须死掉7个人才能揭开其秘密，到目前，已有6人在企图到达坑底途中丧生。看来，真正秘密的揭开已为期不远了。

　　现在，一个由加拿大和美国人组成的联合公司正在对"钱坑"进行前所未有的大规模发掘。他们在岛中心投资1000万美元，钻了一口巨井。这口巨井高达20层楼，并在其他地方钻了200个洞，有的达50.3米深，已接近岩层；钻头从地下带出了金属制品、瓷器、水泥等物，这家公司格外卖力，计划再挖一口直径为24.4米、深61米的大井，并预备了足够的抽水泵，看样子，他们准备将橡树岛翻个底朝天。"钱坑"之谜的揭晓为期不远了，它可能犹如埃及图特王陵墓一般举世震惊，也可能是一个耗费巨资掘出的空洞。

海盗的"黄金"号商船

　　在澳大利亚，有一个名为洛豪德的小岛，该岛并非鸟语花香、景色宜人的胜地，却十分出名，相传岛上藏有无数财宝，周围海底也铺满耀眼炫目的宝石。

◎ "黄金"号商船示意图

　　17世纪70年代，一位名叫威廉·菲波斯的人，在偶然中发现一张有关洛豪德岛的地图，图上标有西班牙商船"黄金"号的沉没地。他惊喜若狂，感觉到一个发财的机会到来了。

　　原来，"黄金"号商船有一段神秘的故事。那是在16世纪50到70年代，西班牙人沿着哥伦布的航程远征美洲，从印第安人手里掠夺了无数金银珠宝，然后载满回国。然而，他们的行动被海盗们觉察了，海盗们疯狂袭击每一艘过往商船，残杀船员，抢夺了大量的财宝。太过沉重的财宝，海盗们无法全部带走，于是将一大部分埋藏在洛豪德岛，并绘制了藏宝图，海盗们发血誓表示严守秘密，以图永享这笔不义之财。哪知海盗们终归是海盗，哪有信用可言，一些阴谋者企图独吞宝藏，一时间内讧不止，一场火并留下了具具尸体，胜利者携带藏宝图混迹天下，过着花天酒地、骄奢淫逸的生活，而藏金岛的传说也不胫而走，风靡全世界。

　　菲波斯怀揣这张不知真假的藏宝图，登上荒岛，四处勘察，然而一无所获。

正当他徘徊海滩时，无意中脚陷入沙中，触及到一块异物，经发掘是一丛精美绝伦的大珊瑚，在珊瑚内竟又藏有一只精致木箱，箱中盛满金币、银币和珍奇宝物。菲波斯狂喜万分，他在岛上待了3个月，疯狂地寻觅，整整30吨金银珠宝装满了他的纵帆船，他实现了发财梦。一时间许多真真假假的"藏宝图"应运而生，充斥欧洲，高价出卖，不少发财狂们重金购买，不惜血本，不少人或葬身海底，或暴死荒岛，或苦苦寻觅，久无踪影。海盗的遗产成了一个充满诱惑的谜团。

 # 可可岛沉睡的宝藏

从1535年西班牙殖民头子弗朗西斯科·皮萨罗占领秘鲁，直到1821年秘鲁独立，利马始终都是南美西班牙殖民地总督的驻地。当年，殖民军到处大肆杀害印第安人，并从他们那里搜刮了大批金银饰物聚敛到利马，然后定期装船运回西班牙。所以，利马号称富甲南美洲，甚至吹嘘连大路都是由"金银铺砌而成"。

科克伦勋爵在海上击溃了西班牙人的三桅战舰"埃斯梅拉达"号和其他几艘战舰。圣马丁将军英勇善战，也很快就逼近利马城下。龟缩在利马城中的西班牙达官贵族们惶惶不可终日，再也没有了往日的威风，纷纷准备逃离利马。当然，他们舍不得把多年来敲骨吸髓掠夺到的财宝丢掉，至少也要把能带走的东西带走。但是，当时只剩一条海路可以逃出利马，而可以横渡大海去西班牙的，就只剩下爱尔兰船长汤普逊的一条富丽堂皇的双桅横帆帆船——"玛丽·迪尔"号私船了。而且，汤普逊这时也准备起锚以避开迫在眉睫的最后决战。于是，利马的西班牙达官贵族们不惜用重金租下了"玛丽·迪尔"号帆船。他们整整花费了两天的时间，把城里几乎所有能带走的贵重物品都装上船，其中有属于私人财产的杜卡托（威尼斯古币）、金路易（法国古金币）、皮阿斯特（埃及等国古金币）、首饰、珠宝、金银餐具，以及教堂里的各种圣物盒、金烛台和祭仪用品，还有珍贵图书、档案和艺术珍品等。

◎可可岛风光

在"玛丽·迪尔"号满载着乘客和贵重物品起航后，汤普逊船长就决定不将此船开往预定的目的地——加的斯（西班牙港口）或其他任何西班牙港口。其实，汤普逊原先也并不是一个海盗，但是他被装在自己船上的这些无法估价的财宝弄得神魂颠倒了。

汤普逊驾驶着帆船径直朝北驶去。

一天晚上，他终于在自己船员们的协助下，残忍地把船上的乘客统统扼死后扔进了大海。"玛丽·迪尔"号从此成了艘名副其实的海盗船。汤普逊经过一番考虑，决定将船开往可可岛。这主要是因为几个世纪以来，可可岛与世隔绝的地理位置有助于摆脱任何海上监控和追踪，成为南美洲海盗们一个颇有吸引力的避风港。汤普逊将船上的主要财宝小心翼翼地埋藏在可可岛之后，毁掉了"玛丽·迪尔"号帆船，与船员们分乘小艇去了中美洲。他们谎称在海上遇到了无法抗拒的狂风暴雨，船触礁沉没了。尽管汤普逊大肆宣扬了很久，但是他的海盗行为还是被识破了。他的同伙们在酷刑下供出了实情，并受到了惩罚。

汤普逊在临死前也许为了摆脱良心上的谴责，决定向自己的好友基廷透露可可岛上的藏宝秘密。他给了基廷一份平面图和有关藏宝位置的资料。

基廷按照汤普逊所说的，先后3次登上可可岛，带回了价值5亿多法郎的财宝。但是"玛丽·迪尔"号船上的主要财宝却始终没能找到。后来，基廷又将可可岛的秘密告诉了好友尼科拉·菲茨杰拉德海军下士。由于这位海军下士太穷，没有钱找到一条船，所以一直没能去可可岛。菲茨杰拉德临死前，决定将自己知道的藏宝情况告诉曾经救过自己性命的柯曾·豪上尉。不过，柯曾·豪上尉也是由于种种原因，没有去成可可岛。就这样，有关可可岛上藏宝的资料年复一年地遗赠着、传递着，后来还被盗窥过、交换出售过。在澳大利亚悉尼的"海员和旅游者俱乐部"里，保存着一封菲茨杰拉德根据基廷提供的情况写成的一份资料，描述了几名探宝者潜入水中，却一无所获的经过。

1927年法国托尼·曼格尔船长从悉尼"海员和旅游者俱乐部"复制了这份资料。他带着得到的资料，曾于1927年和1929年两次去可可岛上寻找藏宝。托尼·曼格尔发现，汤普逊标出的有关藏宝位置的数据是错误的。汤普逊是在1820年埋藏这笔财宝的，他当时用的是一个八分仪，这种八分仪在1820年就被回收不再使用了，因为它有很大偏差。托尼根据1820年到1823年的航海仪表资料校正了汤普逊的数据。托尼认为，汤普逊的那笔财宝就埋在希望海湾南边和石磨岛西北边的海下。托尼·曼格尔在那里还确实找到了一个在落潮时近一个小时里可以进入的洞穴，然而，由于他"犯了一个不谨慎的错误，是独自一人去可可岛的"，而在那个地方，水流特别急。正当他在水中竭力排除洞外杂物时，越来越多的水涌到了洞口，差一点把他淹死。他拼命挣扎了半天总算回到了岸上。他以为"这是对藏宝寻找者的诅咒"，从此再也不敢去那里冒险了。

功夫不负苦心人，1931年，一个叫贝尔曼的比利时人，根据托尼·曼格尔的资料，在希望海湾找到了0.6米高的金圣母塑像。这尊圣母金像被贝尔曼在纽约以11 000美元的价钱卖掉了。

随着时间的推移，有关可可岛藏宝的资料越来越多，而且都自称是可靠材料。美国洛杉矶一个有钱的园艺家詹姆斯·福布斯拥有第三份平面图。他曾经带着现代化的先进器材5次去过可可岛，遗憾的是，均一无所获。

当年利马城里的无价之宝究竟藏在哪里呢？也许它们仍然沉睡在可可岛上某个神秘的角落。只有展翅雄鹰的锐利目光才能透过岛上谜一般的"红土"和"黄沙"，看到这笔藏宝寻找者们的梦中之宝。

传说中的珍宝船队

西班牙珍宝船队是指从 16 世纪开始，由西班牙组织的，定期往返于西班牙本土及其海外殖民地之间，运送贵金属和其他特产的大型船队。运输的货物包括金银、宝石、香料、烟草、丝绸等，西班牙皇室可以占有货物的五分之一。

从哥伦布 1492 年的第一次远征开始，西班牙就源源不断地从新大陆获取贵重资源和土特产。1520 年后，为应对逐渐增多的私掠行为和海盗攻击，西班牙决定将分散的运输船组织成两支定期航行的大型船队，并为之配备了重武装。这两支船队皆从塞维利亚（1707 年后是加的斯）出航，装载着欧洲的货物（此后还有奴隶），其中一支前往古巴和墨西哥，另一支前往南美大陆（主要停泊在卡塔赫纳和波多贝罗）。完成贸易和货物装卸后，两支船队在古巴的哈瓦那会合并返回欧洲。

珍宝船队通常包含有两支：一支是加勒比珍宝船队，由西班牙本土前往美洲新大陆（主要停泊港口包括哈瓦那、韦拉克鲁斯、波多贝罗、卡塔赫纳）。另一支则往返于亚洲的菲律宾和墨西哥西岸的阿卡普尔科之间，被称为马尼拉船队，负责将亚洲的货物送到墨西哥。之后，来自亚洲

◎水下沉船中发现的宝藏

◎ 全球沉船集散地地图

的货物会被运送到韦拉克鲁斯并最终由加勒比珍宝船队运回西班牙。

　　这样的垄断持续超过两个世纪，也使得西班牙成为欧洲最富有的国家。西班牙哈布斯堡王朝利用这些财富在 16 和 17 世纪进行了频繁的战争，其对手囊括了奥斯曼帝国和大多数的欧洲主要国家（除了神圣罗马帝国）。但是，从殖民地大量流入的贵金属终于在 17 世纪引发了欧洲的价格革命，并逐渐摧毁了西班牙的经济，同时也造成了美洲贵金属的减产。

　　珍宝船队 1550 年时只有 17 艘船，而到了 16 世纪末已有超过 50 艘西班牙大帆船（又名盖伦帆船）。17 世纪中后期，船只的数量减少到了巅峰时期的一半并继续萎缩。不过在 17 世纪的最后 10 年间，因为贸易和经济的恢复，船队得以再次扩大，并一直持续到 18 世纪西班牙波旁王朝期间。

　　从 17 世纪到 18 世纪中叶，西班牙美洲殖民地和西属西印度群岛不断受到其殖民对手的侵袭，使得西班牙的航路一度受到威胁：英国于 1624 年取得了圣基茨，1655 年占领牙买加；法国 1625 年夺取圣多明戈（法属圣多明戈，即现在海地）；荷兰 1634 年占领库拉索。1739 年，英国海军上将爱德华·弗农

◎展现"黄金"船队的油画

袭击了波多贝罗。1762 年英国占领哈瓦那和马尼拉更迫使西班牙暂时放弃了组织大型运输船队的计划。不过随着哈瓦那和马尼拉 1764 年重归西班牙控制，珍宝船队在大西洋和太平洋恢复了航行。

1765 年，西班牙国王卡洛斯三世开始逐渐放松贸易管制。1780 年后，西班牙开放了殖民地自由贸易。1790 年，负责管理殖民地贸易的机构关闭，这一年也是珍宝船队定期出航的最后一年，之后的运输任务则由海军船只单独、分散承担。

尽管很多人认为有大量的西班牙运输船只被英国或荷兰的私掠者夺取，但实际上只有很少的船只遭此命运。只有荷兰人皮耶特·海因于 1628 年马坦萨斯湾海战中成功夺取了西班牙珍宝船队并将货物安全运回了荷兰。1656 年和 1657 年，英国人罗伯特·布莱克在加的斯之战中曾摧毁过该船队，不过船上大部分货物已被西班牙人运上岸。1702 年，珍宝船队在维哥湾海战中再次被摧毁，但大部分的货物同样也被西班牙人安全运到了陆地上。所有这些战斗全都发生在近岸海湾，没有一次发生在外海。至于马尼拉船队，历史上只有 4 艘船被夺取。虽然战斗和风暴（1622、1715 和 1733 年船队遭遇过大风暴）造成了一定的损失，

但总的来说，珍宝船队仍然是历史上最成功的大型海军行动。

水下古城的宝藏

　　20世纪70年代初期美国曾拍了一部电影《岛的女儿》，至今仍使不少人对于在海中产生的奇闻异事有着浓厚的兴趣。故事发生在爱琴海的休德拉小岛上，一位以采捞海绵为生的人潜入水中之后，发现了骑在海豚上的"少年黄金像"。接着，由于脚踩在钉子上而发现了一艘2000年前的沉船。当然，故事是虚构的，但围绕"少年像"引发起人们的占有欲这一情节，说明在海底发现的这一古代文化遗产十分贵重，因而扣人心弦，令观众极为感动。事实上，在爱琴海的海底，自20世纪初期，由于采集海绵，已发现很多古希腊雕像的精品，这更加激起了世界各地广大寻宝爱好者的广泛兴趣。

◎阿波罗尼亚城遗址

　　不管对以上叙述的事实是否理解，只要有人发现沉眠在海底的古代文物有重大历史和文化意义，就会试图拉开那遮挡遥远历史的帷幕，以便更清晰地观察古代世界。学问是没有界限的，只有不断地清除各种传统的清规戒律，才能更容易地完成以前认为无论如何也办不成的事情。当前，水下考古学迫切期望广大民众都能认识到，人类已走到了破解那诱人的海洋之谜的大门口。

　　沉没在大西洋的所谓亚特兰蒂斯大陆的传说，迄今为止已为无数著作引用和讨论过，然而，自远古以来，大海给人类带来的灾难不止这一件。亚特兰蒂斯大陆的传说绝不是偶发事件，而是无数次悲惨灾害的象征。

　　在7个大洋的海底，蕴藏着很多与人类活动有关的实物证据。它们由于飓风、洪水、地震或者水位上升等各类自然灾害的影响而沉没海底，消失得无影无踪。从以前的发现看，在海底有相当多沉没的城市、部落、港湾、岛屿等。

　　人类自青铜时代掌握以航海作为海上的交通手段以来的几千年间，不知有多少船只为波涛所吞噬而沉入大海。

　　根据水下考古学的研究，最为著名的海底宝藏所在地，当属在地中海发现的古代海底城市和港湾遗址。其中之一就是公元前373年，由于地震而沉于海底的希腊科林特湾沿岸的埃利凯。另外两个古代港湾遗迹就是至今仍沉睡在海底的腓尼基的西顿（今黎巴嫩的赛达）和推罗（今黎巴嫩的苏尔）。当然，世界范围内的海底城市远不止这些。

　　对埃利凯的最后一段历史，古希腊的地理学家和历史学家做过生动描绘。亚里士多德（希腊哲学家，公元前384—前323年）曾记述过有关事实，巴阿尼亚斯（希腊旅行家，生活在公元2世纪）的《希腊导游记》对此做了详尽的记录。

　　据说在埃利凯，有伊奥尼亚人建立的海神波塞冬大神殿。海神波塞冬的信仰在这里是绝对至高无上的。由于亚细亚人的入侵，这座重要城市遭到践踏蹂躏，神庙也荒废了。波塞冬一怒之下，马上将地震的灾难降临于这个城市。眨眼之间，埃利凯就被大海吞没了。大陆的深处成为一片汪洋，连树尖也没于海水之中。这场大灾难之后，过往的船只可以看到水下的森林和成排的街道，只

◎亚特兰蒂斯想象图

有波塞冬的大青铜像依然威风凛凛地挺立着。

　　可是埃利凯究竟在哪里，已成为历史上的一大疑案。希腊的考古学家和古物学家为打捞与之相关的遗物，一直在以科林特湾为中心的地区进行海底调查及资料收集工作。根据声呐的探测结果终于得知，由于1870年的地震使这一带地壳又下沉了10米以上，而周围的河流向科林特湾注入的大量泥沙将埃利凯完全覆盖了。这使人感到解开埃利凯之谜似乎更加遥远了。

　　1973年，马萨诸塞工业大学的哈罗尔德·埃金顿和希腊文物局的斯比里顿·马里那托斯进行了声呐探测及探沟式发掘，发现了类似波塞冬神殿的遗迹。然而由于遗迹在水深50米的海底并覆盖有两米厚的泥沙层，只有在进行了长期的调查工作之后才能再对神殿遗址进行发掘。

　　后来，在宾夕法尼亚大学的支持下，又有人在希腊的阿尔肯里斯半岛尖端附近的海底发现了埃利凯遗迹，自1962年预备调查开始至1970年调查结束，使海底城市和波塞冬神殿的局部得到确认。

古老的希腊海城

　　在利比亚班加西北 200 千米的东部海岸，有古希腊建设的阿波罗尼亚港。阿波罗尼亚港是古希腊最大的殖民地之一，公元前 631 年建成，公元前 90 年左右，成为罗马统治下的北非粮食的重要输出港。在罗马时期发挥过重要的作用。这一古代港湾城市现在已大部分沉没于大海之中。

　　以弗莱明克为首的剑桥大学考古调查团，在探明这座古代港湾城市的规模、设施等后，于 1958 年、1959 年对这一被海水淹没的遗址进行了调查。由于水下呼吸器在英国的日益普及，使大学生潜水员能够比较自由地从事调查。他们利用平板测量的原理，在塑胶绘图板上绘出了由于地壳下沉或海水上涨而半埋

◎古代阿波罗尼亚城遗址

◎古代阿波罗尼亚城遗址

于海底的这一港湾的第一张实测图。由实测图了解到，在水深 4 米左右的海底，有船体、码头、仓库、围墙等极为复杂的港湾设施，港口由几个岛屿和山丘形成一个椭圆形的海湾，海湾与地中海由一条狭窄的水路相连接。

港口分为内、外两港，内港修建了城堡，其上设置了瞭望台，周围以围墙护卫。特意修建的狭窄的水路等设施，具有抵御敌船入侵、加强防卫的功能。阿波罗尼亚发现的遗物之一是石锚。锚上部有直径约为 10 厘米的楔形孔。下部有与上孔相接的两个孔，这是船锚最原始的形式。据荷马史诗《奥德赛》的记载，迈锡尼时代泊船使用的就是沉重的石头。

1967 年，调查团发现了希腊的海底城市埃拉弗尼索斯（毛莱半岛南端）。第二年，弗莱明克进行了调查。参加工作的还有凯恩布里基大学的调查组，他们使用吊在气球上能够从遗迹现场附近的空中进行远距离摄影的照相机，制作了遗迹的平面测量图。从海底发现了迈锡尼时代的街道、房屋群、石棺以及古希腊青铜时代的钵等遗物。由此分析，这一城市在古希腊青铜时代初期即已建成，是目前所见最古老的海底城市，在通往克里特岛的贸易之路上占有重要的位置，是输出沃泰加湾周围富饶沃野所出产农作物的重要商业港。埃拉弗尼索斯这一地名，曾在古希腊地理学家巴乌撒尼亚斯编撰的《地志》中出现，现在此地名为巴普罗·拜特利。

关于水下古代城市最新的例子，是 1980 年在苏联的里海东北部的曼库伊西拉克发现的被海水淹没的繁荣的古代城市遗迹。苏联的考古学家们在这一海底（里海北端的古里耶夫市东南 150 千米）发掘，结果发现了中亚地区传统的黏土制成的陶器及、玻璃装饰品、铸造物等。这座城市似乎即为 14 世纪时与中亚地区进行贸易活动的商人在地图上标出的"拉埃迪"。

这一发现，提供了目前正在后退的里海海岸线在遥远的古代急速变化的珍贵资料。

大西洋"雪藏"的宝藏

在美国佛罗里达州大西洋岸边有一些奇怪的景象，每次风暴之后的第一个早晨，就可以看见许多寻宝者在沙滩上仔细搜寻，希望发现一些东西。而这些东西大多来源于近岸暗礁及浅滩上冲上来的西班牙沉船残骸。据统计，在佛罗里达州海岸，有 1200 ~ 2000 艘沉船。其中有许多艘船的年代可以追溯到西班牙运宝舰队横行大西洋到达南美洲的时候。

直到现在，还有人在寻宝。佛罗里达州一位业余寻宝人华格纳就因此而享名于世。华格纳于 1949 年迁到佛罗里达州沿岸，听到朋友在海滩上找到钱币的故事后，他对西班牙沉没的舰只大感兴趣。他利用从陆军剩余物资中买到的一架地雷测探器，在卡纳维拉岬南约 40 千米的塞巴斯丹与瓦巴索之间的海滩上，找到 1715—1949 年间铸造的大量钱币。从钱币发现的地点，他有了关于沉船地点的一套理论。钱币集中在沿岸不同地点的小水道里，他猜想在每个地点都有一条沉船。

◎从海底沉船里打捞出来的金币

　　华格纳和一位同事凯尔索在美国各图书馆及研究机构广泛研究，凯尔索在国会图书馆的珍本书收藏室找到一本重要书籍《东西佛罗里达自然历史简介》（1775 年出版）。它描述了 1715 年西班牙舰队船只遇难情形，并提及"沉船里可能还有很多西班牙壹圆及两圆银币有时被潮汐冲上岸"。

　　他们两人与塞维尔的西班牙海军史迹馆馆长取得联络，馆长供应他们3000 张古代文件缩微胶卷。经过研究翻译后，他们获知 1715 年海难及打捞工作的全部经过，以及许多残骸的大略位置。

　　看起来华格纳好像已经找到了有关西班牙沉舰的线索，但是要打捞宝藏还需要许多的工作。佛罗里达沿岸气候不佳，每年仅有几个月能进行打捞，因而使这项工作更加困难。华格纳首先在卡纳维拉岬搜查当年西班牙打捞队营地及仓库，用地雷测探器在海滩后面的高地经过多日细心搜寻后，探得一艘舰上的大铁钉和一枚炮弹。他在现场挖掘并把一块 1 平方千米大的遗址绘入地图。随后更多的炮弹、中国陶器碎片和一枚镶有 7 颗钻石的金戒指陆续出土。

　　从记录中，华格纳知晓在高地遗址对面有一艘沉舰。他花了许多天时间，戴上自制面罩浮在一个汽车内胎上，向污泥和海草里仔细采探，最后发现一堆炮弹。潜水下去又发现一个大铁锚，终于找到第一艘沉舰。现在他已经知道这些古物从上面看是个什么样子，于是立即租了一架专机，从空中逐一细看暗礁及浅滩，寻找其他沉舰。他的空中搜寻工作很成功，把许多艘沉舰的地点都绘

◎寻宝图

入了地图里。

　　1959 年，华格纳召集几位精于潜水的友人，成立一个"八瑞公司"。当时西班牙 1 个比索等于 8 个瑞尔，比索是大银币，瑞尔是小银币。他们向佛罗里达州申请取得享有寻获物 75% 的权利。他们利用一艘旧汽艇和一部自制捞泥机，奋力工作了 6 个月，但毫无所得。

　　他们的热情顿失，公司也快要破产了，但最后有一位潜水员浮上水面紧握着 6 根楔形银块。其他人都大喜过望，潜入水去，看看究竟能够在海底找到些什么宝物。以后的几个礼拜人们又找到 15 枚楔形银块，然后华格纳决定到另一沉舰地点。从那时起，他的寻宝美梦，终于成为现实。

　　在第二艘沉舰工作的第一天，发现一批数量惊人的银币，统计价值 11 万美元。随后在暴风后的一天，华格纳带着侄儿到海滩仔细探查。当华格纳拾捡钱币时，他的侄儿找到一条金链，长约 4 米。此链共有 2167 枚金环扣在一起。

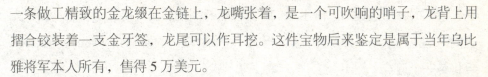

一条做工精致的金龙缀在金链上，龙嘴张着，是一个可吹响的哨子，龙背上用摺合铰装着一支金牙签，龙尾可以作耳挖。这件宝物后来鉴定是属于当年乌比雅将军本人所有，售得 5 万美元。

发掘工作继续数年，公司组织扩大。海底寻宝最惊人的一次发现，或许是他们捞到几近完整无损的 30 件中国瓷器。西班牙人用的特制的"白墩子"瓷土包裹这些精致的碗、杯，以防破碎。

1965 年 5 月 31 日，他们使用自己发明的一种机器，从船的推进器向下方喷射强大水流，能把海底的一层泥沙吹去，又不致吹动他们相信沉在海底的珍贵财宝。当海水澄清后，华格纳和他的同事望向海底，目力所及，遍地都是金币，顿时看得目瞪口呆。1967 年华格纳把财宝拍卖，获得 100 余万美元。

 # 纳粹沉船珍宝

"二战"期间，希腊的北部港口城市达萨洛尼卡是犹太裔希腊人的聚居地。德军入侵希腊后，一个名叫马克斯·默滕的纳粹盖世太保高级军官，向当地的犹太裔希腊人发出威胁，称只有交出自己的钱财，才可以免于被处决或被送往集中营。犹太裔希腊人不得不将自己的财产和宝物倾囊拿出。就这样，价值无从估计的财宝全落入了默滕的手中。

1943 年，纳粹德军开始节节败退，默滕将搜刮来的金银珠宝装上一艘渔船逃走。当船只行驶到希腊达萨洛尼卡海域时，遭遇事故沉没。

1999 年，自称"X 幽灵"的不明人士声称，他曾和默滕住在一间牢房之中，两人一起度过了两年的铁窗生涯，他得到了默滕的信任，并取得了沉没地点的详细资料。希腊《民族报》率先披露了此事，大多数媒体则称宝藏中有 50 箱金银珠宝，其价值达到了惊人的 25 亿美元。自此，打捞工作被提到议事日程，并立即引起了各方的关注。可是在接下来的打捞过程中，潜水员们却并没有找到沉船。打捞人员甚至动用了先进的声呐定位系统，但至今依然一无所获。纳粹运宝渔船的准确沉没方位，至今仍是一个谜。

葬于海底的加州金矿

1849 年，美国加州发现了金矿，一时间全美掀起了淘金热，西部和东部的冒险者云集此地，为争夺一寸矿地而火并，流血事件频频发生。整整 8 年后，这群淘金者带着用血汗换来的黄金，准备回家，结束这种残酷危险的日子。风尘仆仆，带着妻子、孩子，辗转万里，开始了又一种恐怖的行程。他们从旧金山搭船到巴拿马，再搭骡车横越巴拿马地峡，最后乘船驶往纽约。

这群人离开巴拿马两天后，也就是 1857 年 9 月 10 日，所乘坐的"中美"

◎葬于海底的加州金矿

号汽船遇上了意料不到的灾难：这艘小小的汽船有 750 余人，吃水太紧，加上遇到飓风，狂风暴雨的袭击使船舱破裂，海水漏了进来。

人们发现船帆被强风吹断，锅炉的火熄灭了，一望无际的大海使这群人感到绝望。他们组成自救队，妇女和儿童被送上救生艇，全部获救，但 423 名淘金汉连同那无法估量的黄金葬身海底。那些幸存者们个个已无法确定沉船的准确方位，这批加州黄金宝藏的下落成为一个谜团。

一位名叫史宾赛的著名寻宝专家，曾有过寻获几艘在美国内战中沉没船只的成绩，他对这艘载有黄金的"中美"号汽船表示了强烈兴趣。目前，他已花费了 15 年时间来寻找"中美"号，并深信已找到该船沉落的确切地点，并希望在两年内打捞出这批黄金。

如此看来，史宾赛似乎为解开加州宝藏之谜带来了一线光明。

"圣殿骑士"的巨额财富

1719 年，法国几个破落骑士，为保护朝圣者、保卫第一次十字军东征中建立的耶路撒冷拉丁王国，发起并成立了一个宗教军事修会。由于该修会总部设在耶路撒冷犹太教圣殿，所以叫作"圣殿骑士团"。圣殿骑士团成立后，由于对伊斯兰教徒及基督教徒进行敲诈勒索，加上朝圣者们的不断捐赠，以及教皇给予的种种特权，从而积聚了相当可观的财富。他们拥有封地和城堡，为朝圣者和国王们开办银行，是欧洲早期的银行家。他们生活奢侈，热衷秘术，密谋参与政治活动，终于引起欧洲各国国王和其他修会的不满，被斥为异端。1312 年，罗马教皇克雷芒五世不得不正式宣布解散圣殿骑士团。

据几位历史学家的记载和民间的传说，当圣殿骑士团大祭司雅克德·莫莱在狱中获悉，法国国王要彻底摧毁该修会时，他采取了断然措施，以便保存圣殿骑士团的传统和高尚的基本教义。他把自己的侄儿、年轻的伯爵基谢·德·博热叫到狱中，让伯爵秘密继承了大祭司的职位，要伯爵发誓拯救圣殿骑士团，

◎圣殿骑士团

并把其财宝一直保存到"世界末日"。随后他告诉伯爵说："我的前任大祭司的遗体已经不在他的墓穴，在他墓穴里珍藏着圣殿骑士团的档案。通过这些档案，就可以找到许多圣物和珍宝。有了这笔财宝就可以摆脱非基督教徒的影响。这笔财宝是从圣地带出来的，它包括：耶路撒冷国王们的王冠、所罗门的7枝烛台和4部有圣·塞皮尔克勒插图的金福音。但是，圣殿骑士团的主要钱财还在其他地方，在大祭司们墓穴入口处祭坛的两根大柱子里。这些柱子的柱顶能自行转动，在空心的柱身里藏着圣殿骑士团积蓄的巨额财宝。"

有人根据当地的传说和发现的圣殿骑士团的神秘符号，认为藏进棺材和箱子里的财宝仍在法国罗纳省博热伯爵封地附近的阿尔日尼城堡里。据称，那里除秘藏着圣殿骑士团的金银珠宝外，还有大量的圣物和极其罕见的档案。

1952年，对圣殿骑士团神秘符号体系颇有研究的考古学家和密码学家克拉齐阿夫人，在对阿尔日尼城堡进行实地考察后声称："我深信圣殿骑士团的财宝就在阿尔日尼。我在那里找到了可以发现一个藏宝处的关键符号。这些符号从进口大门的雕花板上开始出现起，一直延续到阿尔锡米塔楼，那里有最后一些符号。我认出了一个埃及古文字符号，它表明，除有宗教圣物外，还有一笔世俗财宝。"

克拉齐阿夫人说："阿尔锡米塔楼上有8扇又小又高的三叶形窗户，只有一扇窗户是用水泥黏合的石头堵塞的。必须开通这扇窗户，并在6月24日这一天观察射进这扇窗户的光线束。2点至3点的阳光可能起着决定作用，阳光可能将照射在一块会显示出具有决定性符号的石头上。但是，我想只有一个人，一个熟悉内情的人，才会声称发现了秘密的钥匙。"

一位对寻找圣殿骑士团财宝深感兴趣的巴黎工业家尚皮翁，曾经在秘术大师、占星家阿芒·巴波尔和对圣殿骑士团秘术有专门研究的作家雅克·布勒伊埃的指导下，对阿尔日尼城堡进行过发掘，由于对刻在建筑物正面的神秘符号的内涵始终束手无策，结果一无所得。雅克·布勒伊埃在阿尔日尼城考察几年以后还写了一本书，叫作《阳光的奥秘》，书中也表达了跟克拉齐阿夫人类似的看法。

对于圣殿骑士团的财宝是否藏在阿尔日尼城堡，城堡现主人雅克·德罗斯蒙先生是这样认为的："圣殿骑士团秘密口授阿尔日尼城堡原属于雅克·德博热所有。古城堡当年有幸逃脱了美男子菲利普的破坏，因此，圣殿骑士团的财宝可能埋藏在那里。但是，我们既无手段，也没有确切的理由去拆毁我的这座建筑物里那些令人肃然起敬的墙。一些全凭个人经验的人只是想拆墙，但从来也没有发现什么。只有科学探测手段，才可能给予确切的指示。"

法国"寻宝俱乐部"根据最新发现的资料认为，圣殿骑士团的财宝可能不在阿尔日尼，因为迄今并没有找到任何有价值的材料可以确定它们的存在。"寻宝俱乐部"倾向认为，圣殿骑士团的财宝可能隐藏在法国夏朗德省巴伯齐埃尔城堡，因为那里也发现了许许多多令人晕头转向的圣殿骑士团的符号。巴伯齐埃尔城堡四周曾有3大坎圣殿骑士团的封地。人们在其中的利涅封地刚刚发掘出一座墓穴，从其中掉下来的一些石头上刻着的符号中可以看出，在圣殿骑士团解散以后，有一个卫队曾在那里待过多年，它的神秘使命似乎跟监护埋藏的财宝有关。

据说，圣殿骑士团还有另外一些财宝可能隐藏在法国的巴扎斯、阿让，以及安德尔—卢瓦尔的拉科尔可及其村庄附近。在法国瓦尔市的瓦尔克奥兹城堡的墙上也刻着圣殿骑士团的神秘符号，而且也有关于圣殿骑士团把财宝隐藏在那里的传说。据法国历史学家让·马塞洛认为，在法国都兰的马尔什也可能会有圣殿骑士团的藏宝，那里以前曾是圣殿骑士团的"金缸窖和银窖"的所在地。圣殿骑士团的心腹成员知道在需要时如何从中取出必要的钱财，并会按接到的命令把新的钱财重新隐藏起来。总之，人们认为，圣殿骑士团确实把一大批财宝隐藏起来了，但是，究竟藏在什么地方，其谜底也许就像刻在石头上的神秘符号一样，令人难以捉摸！

"红色处女军"的宝藏

捷克9世纪初的女王丽布施不但是一位出类拔萃的巾帼英雄，还创建了一支包括妇女在内的骁勇善战的军队，曾打败过不少敌人。后来她虽然嫁给了普热美斯公国的公爵普热美斯，但始终保持着桀骜不驯的独立性格。后来，这位女王建立了一支威风凛凛的皇家卫队，其队长就是后来在捷克历史上大名鼎鼎的普拉斯妲。

这支卫队由清一色的年轻女子组成，它负责保卫女王和皇宫的安全。普拉斯妲兢兢业业为女王服务，与女王结下了很深的感情。丽布施女王去世后，普拉斯妲深感悲痛，她不愿意再为国王普热美斯公爵效劳，便率领自己手下的女兵来到捷克北部的维多夫莱山，从此占山为王。

普热美斯公爵曾派一名使臣到维多夫莱山区，试图把普拉斯妲重新请回到王宫。结果，年轻的叛逆姑娘却把这名使臣阉割后轰了回去。普拉斯妲的这种做法激怒了国王，但却吸引了周围地区许多年轻的姑娘。一批批年轻的女子不堪忍受男人的欺压，陆续投奔了普拉斯妲。没过多久，普拉斯妲手下就有了一

◎描绘古代欧洲红色处女军团的作品

支真正的部队，这就是后来威震朝野的"红色处女军"。普拉斯姐本人也开始了她传奇般的生涯。

所谓"红色处女军"即完全由尚未结婚的处女组成的军队。反对处女军的人说，普拉斯姐是个作恶多端的女妖，她诱使年轻女子去犯法；拥护她的人称她为女中豪杰。据历史记载，她天资聪慧，而且练就了一身过人武艺，但极端憎恶男人。

有人分析，普拉斯姐之所以对男性深恶痛绝，可能是因为她从小受到父亲的虐待，又在尚未成年时被男人凌辱过，所以她幼小的心灵中留下了深深的伤痕。

普拉斯姐的"红色处女军"规模越来越大，最多时达到上千人。为了保证部队的给养，她率领军队离开了贫瘠的维多夫莱山，在迪尔文城堡建立起了自己的武装大本营。

随后，"红色处女军"四处打家劫舍，征收捐税，推行自己的法律。这些法律大部分是针对男人的。据说，为了蔑视男人，她有时会带着几名女兵，手

◎捷克9世纪初的女王丽布施以创建布拉格城堡与"红色处女军"彪炳史册

持利剑和盾牌，赤身裸体地去市镇游逛，如果哪个男人胆敢朝她们看一眼，她们就会毫不迟疑地把那个男人处死。

普拉斯妲在她自己的地盘上行使着至高无上的绝对权力。她规定：

1. 男人不许佩带武器，不许习武，否则处以死刑。

2. 男人必须种地、做买卖经商、做饭、缝补衣服、干所有女人不愿干的家务活；女人的职责则是打仗。

3. 男人骑马，双腿必须悬垂在坐骑左侧，违者处以死刑。

4. 女人有权选择丈夫，任何拒绝女人选择的男人都将处以死刑。

这些古怪的法律十分苛刻。普拉斯妲这一极端的做法不仅激起了当地男人的强烈反抗，也终于让普热美斯觉得忍无可忍。于是，国王普热美斯派遣大军围剿普拉斯妲。

普热美斯军队的指挥官开始并不把这支"红色处女军"看在眼里，他们认为这帮女孩子看到国王的正规军必然会吓得不知所措。然而，实际上双方一交战，普热美斯的军队由于过于自信和轻敌，竟没有占到什么便宜，反而被"红色处女军"打得落花流水。这下子，他们不得不重新考虑如何来对待这支"红色处女军"了。国王普热美斯在布拉格得知自己的军队在山里竟被一帮女孩子弄得晕头转向，盛怒之下，他居然亲自率领着大军浩浩荡荡地前来围剿。

在维多夫莱山区，普热美斯大军依靠人数上的优势，采取突然袭击的战术，把处女军层层包围，缩小包围圈后杀死了100多名顽强抵抗的处女军战士。在迪尔文城堡的普拉斯妲闻讯后，亲手扼死十几名俘虏，并率领自己的战友对普热美斯大军进行了殊死抵抗。一时间，山冈上杀声震天，几千米外都能听到她们和男人拼命时的喊叫声。最后，城堡中所有的处女军战士全部壮烈牺牲，没有一个逃命投降的。而普拉斯妲本人最后扔下了手中的盾牌，脱光了身上的衣服，仅仅拿着一把利剑，赤身裸体地同皇家军队进行了最后的拼杀，直到流尽了最后一滴血……

普拉斯妲多年跟随女王，见多识广，对王室的金银财宝了如指掌，加之她本人喜欢雍容华贵的奢华生活，又多年劫掠富豪，抢劫了不少的贵族城堡，聚敛起大量的金银财宝。在普热美斯军队未到之前，她早已预见到自己凶多吉少，于是她在迪尔文城堡早已把大量的宝藏埋藏起来。这笔财宝主要有金币、银币以及处女军战士不愿佩戴的大批珍贵的金银首饰，数量极为可观。

普拉斯妲到底把它们埋藏到哪儿呢？处女军被全部杀死之后，后人就想到了这批珍宝。有人不断地在当年她们活动的地区挖掘，试图找到她们埋藏的珍宝，但始终没有找到。

随后，普热美斯家族以布拉格为中心建立的王朝依附神圣罗马帝国几百年。在普热美斯王朝统治波西米亚的几百年间，这几代王朝都没有忘记普拉斯妲和她埋藏的财宝。他们曾多次派人去维多夫莱山区搜寻这批宝藏，但每次都空手而归。进入 20 世纪以来，这笔宝藏又引起了一些现代寻宝者的注意。有人认为，它肯定被埋藏在捷克山区的某个地方。但到底在什么位置，却始终没有人能知道。

"马来之虎" 的宝藏

第二次世界大战时期，日本东南亚战区司令、绰号"马来之虎"的山下奉文大将，率日军攻克了泰国、新加坡、马来西亚及菲律宾。在占领东南亚期间，为了向天皇进贡，讨得天皇的青睐，他拼命搜刮东南亚人民的珍宝，积敛了巨额财宝。1944 年秋，太平洋战争的形势急转，日军海空主力遭到盟军的毁灭性打击。当麦克阿瑟将军率美军反攻菲律宾时，日军已面临灭顶之灾。在无路可走的情况下，山下奉文让菲律宾人将其搜刮来的黄金、宝石等埋藏起来，然后又枪杀了这批埋宝人，不留活口。藏宝图分为若干份交给亲信秘密带回日本。随后，山下奉文十几万大军惨败，基本上全军覆没，他本人也难逃法网，被盟军审判后绞死。随着他命归黄泉，"马来之虎"藏宝便成为一大谜案。

过去数十年来，菲律宾流传着前总统马科斯探得"马来之虎"所藏之宝的消息。马科斯对此说时而否认，时而又承认，令人疑真疑假，难以分辨真伪，这更增加了其神秘色彩。费迪南德·埃·马科斯在 1941 年 12 月太平洋战争初期任美军少尉，是美国远东军 21 师情报官，驻守菲律宾。由于马科斯在战争中有接触日本军官的不寻常经历，使得他有条件和有可能在战后设法寻觅山下奉文的藏宝。1965 年 11 月，他当选菲律宾第六任总统后，立刻组织人暗中对藏宝点进行挖掘。究竟挖没挖到这笔宝藏，只有天知地知和马科斯自己才知道，但有一件铁证则举世皆知。

1970 年，菲律宾寻宝协会主席洛塞斯独自进行寻宝活动。经过 8 个月的挖掘，他在一座山中先发现了无数尸骨，估计是被杀害灭口的菲律宾埋宝人，随

◎日本战犯松下奉文

后又发现了一座金佛，有 71.1 厘米高，907.2 千克重。金佛头部可以旋转开，原来肚中是空心的，藏有无数钻石珠宝。洛塞斯将金佛运回家，并没有守口如瓶，而是拿出来让亲友们观赏。他初步肯定这便是"马来之虎"宝藏的一部分，山中可能还藏匿有其他珍宝。

这个发现后来被马尼拉各报纷纷披露。记者们捕风捉影，估计金佛的纯金价值高达 2600 万美元，腹中所藏钻石珠宝的价值则无法估计。马科斯获悉这个消息后，便让他的法官叔叔出面，下令没收金佛及珠宝，并控告洛塞斯非法藏匿国宝。这样，金佛就轻易地落入马科斯手中。洛塞斯愤愤不平地找参议院起诉。1971 年 8 月，参议院召开了金佛听证会，由洛塞斯陈述，电视台则向全国直播。但开会时会场突然被人投入手榴弹，造成 9 人死亡、96 人重伤的大惨案，被炸死者中包括议员。于是，听证会寿终正寝。

1972 年 9 月，为了长期待在总统宝座上，马科斯强行解散国会并对全国实行军管。洛塞斯首当其冲被司法机关拘捕，关押两年后，他不得不屈服，自愿声明不再追究金佛的下落，这才获得释放，出狱后便移居美国。

◎菲律宾前总统马科斯一家

　　1986 年 2 月，菲律宾民选总统科·阿基诺夫人顺从民意，准备审查独裁者罪行时，马科斯举家逃往美国夏威夷。经过海关时，他们携带的大量金银财宝被海关官员扣留。这些财宝包括数百万美钞、若干金条和无数钻石珠宝。在马科斯仓皇出逃时，总统府留下若干关于出售黄金的录音带，时间是 1983 年 5 月 27 日，内容详述出售黄金的规格及数量，黄金总数约 2000 吨，分置伦敦、瑞士、中国香港、美国及新加坡，可随时出售。如果录音带上的录音属实，则可以断定，马科斯早就寻到并挖出了"马来之虎"所藏的大部分珍宝，并且掩人耳目地运出了菲律宾。

　　1985 年，马科斯预感末日的来临，便让他的儿子小费迪南德带亲信陈某前往澳大利亚和英国出售黄金。据传黄金总数价值 310 亿澳元，买方可由银行担保分期付款。陈某无人认识，小费迪南德则在幕后操纵指挥。经过多方面调查，人们才知道这批巨额黄金的主人是马科斯夫妇。马科斯亡命夏威夷后，仍企图东山再起，他多次支持菲律宾叛军头子霍纳桑发动政变。1986 年 5 月，他曾接触了两名美国军火商人，他声称自己有 1000 吨黄金藏在菲律宾还未挖出，另有 10 亿美金存在瑞士银行，足以支付军火款项，要求他们提供一支上万人的装备军队，包括"毒刺"导弹及坦克。他承认他在菲律宾留下的黄金属于山下奉文所藏珍宝的一部分，藏金地点只有他和儿子小费迪南德知道。美国商人不敢接受这宗政治交易，反而将他们的秘密谈话录音带交给美国中央情报局，后者又将录音带副本送给阿基诺政府。

后来，马科斯在临死之前曾在友人面前立下口头遗嘱，将私藏的价值 40 多亿美元的黄金"捐献"给菲律宾人民，可惜他还没有说明藏金地点，人便开始昏迷，直到命归西天。1988 年，阿基诺政府与美国商人试图合作在圣地亚哥要塞发掘黄金珠宝。

圣地亚哥要塞坐落在菲律宾首都马尼拉西北。它是 19 世纪时由西班牙人修建的，是菲律宾著名的古迹之一。圣地亚哥要塞战时是日本宪兵宿舍，因此，它被视为最有可能埋藏着"山下奉文将军财宝"的地方。1988 年 2 月，一项挖掘工程在这里开始了。工程指挥查尔斯，是总部设在美国内华达州拉斯维加斯的"国际贵金属公司"的成员。此人在越南战争期间曾是美国陆军"绿色贝雷帽"特种部队大尉。挖掘工人是在当地招募的 40 名菲律宾人。菲律宾政府还派遣总统府警卫部队警戒现场。挖掘是在极端秘密的状态中进行的。

2 月 22 日，挖好的巷道突然塌顶，两名工人当场毙命。查尔斯不得不在事故发生后举行记者招待会。这才使挖掘工程的真相公之于世。

据查尔斯在记者招待会上说，他们这次行动得到了当局的同意，并商定好挖出的财宝按 3∶1 分成。菲方得大头，小头归"国际贵金属公司"。这个说法也得到了菲律宾政府发言人的证实。他说，菲律宾政府根据有关法律和规定，允许这种挖掘活动。迄今，菲律宾政府已批准了包括"国际贵金属公司"在内的 87 件要求挖宝的申请。政府的这一做法在议会引起了轩然大波。议会上院通过要求"国际贵金属公司"立即停止寻宝的决议，但这个决议没有约束力。在菲律宾，也有人认为目前国家经济状况恶化，外债高达 290 亿美元，且无力偿还。如果借助外国力量真能找到"山下奉文将军财宝"，对振兴菲律宾经济也未尝不是一件好事。持这种观点的人自然对政府此举的苦衷表示谅解。

但是，现在问题不在于同意不同意外国人来挖宝，而在于这个"宝"究竟存在与否或有多少。战后40多年来，有关这笔财宝的传说扑朔迷离。时而甚嚣尘上，活灵活现；时而又销声匿迹，若无其事。关于财宝的数量，有人说价值1000亿美元，有人说还要翻一番。一位美籍日本人20世纪50年代曾为此事调查过300多名有关的日本人，到菲律宾进行过现场调查。他认为，即使有财宝，其价值充其量也只有1亿多美元，还有人干脆宣布"山下奉文将军财宝"纯属子虚乌有。

隆美尔的巨额黄金

德国陆军元帅隆美尔生性凶残、狡猾，惯于声东击西的伎俩。在北非的大沙漠上，他以力量悬殊的兵力与强大的英美联军交锋，出奇制胜，因而赢得了"沙漠之狐"的称号。

这个"沙漠之狐"在北非的土地上疯狂屠杀土著居民，掠夺他们的财富，尤其是当地无比富裕的阿拉伯酋长，只要他们稍稍表示拒绝支持纳粹的事业，隆美尔即令格杀勿论。隆美尔用如此野蛮的血腥的手段，在很短的时间里积聚起一批价值极为可观的珍宝。这批珍宝包括满装黄灿灿金币和各种珍奇古玩及金刚钻、红宝石、绿宝石和蓝宝石的一只钢箱。

这批珍宝价值多少？谁也估算不出来。那只钢箱的财宝太迷人了，可谓价值连城，隆美尔自己本人也不清楚这批珍宝的价值究竟是多少。这批珍宝，除供隆美尔大肆挥霍外，还用以收买少数阿拉伯统治者。

隆美尔再怎么挥霍，也仅仅动用了这批珍宝的极少一部分。随着战局进入尾声，隆美尔自吹所向无敌的非洲军团全线崩溃。为了不让这批珍宝落入英美联军之手，隆美尔秘密调动了一支亲信部队，将这批珍宝藏在世界上某一个不为人知的角落里。

1944 年，法西斯德国日暮途穷，德军一些高级军官谋刺希特勒，事涉隆美尔。10 月 14 日，希特勒派人至隆美尔住所，要隆美尔考虑决定接受审判还是服毒自杀。隆美尔选择了后者。15 分钟后，隆美尔便离开了人世。

隆美尔一死，唯一知道这批珍宝埋藏地点、方位、标志的线索便中断了。

对于隆美尔这批珍宝，西方一些冒险家们垂涎三尺，朝思暮想，希望有朝一日发掘这批珍宝，成为珍宝的主人。他们不惜重金，派专家南来北往，查阅有关密档，又千方百计地寻找所有可能知情的人。调查的结果，各种传说都有，但均不甚确凿，弄得冒险家们抓耳挠腮，一时不知从何下手。

◎隆美尔

一种传说是：在隆美尔的非洲军团崩溃前夕，这只"沙漠之狐"曾调集了一支高速摩托快艇部队，命令将 90 余箱珍宝分装于艇中，由突尼斯横渡地中海运抵意大利南部某地密藏。某日晚，快艇部队在夜幕的掩护下秘密出航，按预定计划行动。不料在天将拂晓时，快艇部队为英国空军发现。原来英军情报部门早就密切注视着这批珍宝的去向。英军情报部门除派出大批地面特工人员外，又动用飞机与舰艇，在空中和海上昼夜侦察，随时准备拦截。"沙漠之狐"老谋深算，竟也有失算的时候。

英军发现鬼鬼祟祟的德军摩托快艇后，料定珍宝即在其中，下令从空中和水面不惜一切代价拦截。当摩托快艇行至科西嘉附近海面时，德军深知已无望冲出英军密织的罗网。当绝望之时，隆美尔竟下令炸沉所有快艇。这支满载着珍宝的德军摩托快艇部队就这样在科西嘉浅海区沉没了。

从那以后，不时有人用高价雇用潜水员一次一次在科西嘉海底搜寻，可是一无所获。是科西嘉的海面过于辽阔呢，还是沉船的具体位置并不在科西嘉？

◎在北非指挥作战的隆美尔

亦或是隆美尔并没有炸沉快艇，甚至艇上并未载有珍宝？谁也说不清楚。

1980年美国《星期六晚邮报》二月号，刊载了一篇令冒险家们十分感兴趣的文章——《"沙漠之狐"隆美尔的珍宝之谜》，作者署名肯·克里皮恩。作者说，"沙漠之狐"并未用快艇载运珍宝，而是将这批珍宝密藏在撒哈尔拉大沙漠中的一座突尼斯沙漠小镇附近。小镇的附近遍布形状相差无几的巨大沙丘。这批珍宝即埋藏于某座神秘的沙丘之下。

他详细描述道："1942年11月，美英联军北非登陆。次年年初，兵分两路从东西向夹击德意军队，前锋逼近濒临地中海的突尼斯城。1943年3月8日清晨，居住在距突尼斯城不远的哈马迈特海滨别墅里的隆美尔发觉英军已控制了海、空权，他的珍宝已无法由海路安全运出，决定就地藏宝。"

3月8日深夜，在隆美尔与他的亲信严密监视下，这批珍宝被分装在

15～20辆军用卡车上。车队在汉斯·奈德曼陆军上校的押运下，连夜向突尼斯城西南方向行驶，在撒哈拉大沙漠边缘的一座小镇杜兹停下。汽车驶至杜兹后，前方即是大沙漠，无法行驶。汉斯·奈德购买了六七十匹骆驼，将珍宝分装在骆驼上，于3月10日踏入撒哈拉大沙漠。

驼队在沙漠中跋涉两天，最后将珍宝按预定计划埋入数以万计的令人无法分辩的某座沙丘之下。负责押送、埋藏珍宝的德军小分队在返回杜兹途中，意外地遭到英军伏击，小分队全部丧生。藏宝人连同宝藏的秘密，一起被撒哈拉大沙漠无情的黄沙埋葬了。撒哈拉大沙漠一望无垠，白天温度常在100℃以上，人称之为无情的地狱。谁敢贸然叩开这无情的地狱之门？隆美尔的大批珍宝能有重见天日的一天吗？

石达开的财富

石达开兵败大渡河前夕，把军中携带的大量金银财宝埋藏于某隐秘处。

石达开当时还留有一纸宝藏示意图，图上写有"面水靠山，宝藏其间"八字隐训。据说，后来国民党四川省主席刘湘，还曾秘密调了1000多名工兵前去挖掘，在大渡河紫打地口高升店后山坡下，工兵们从山壁凿入，曾挖到3个洞穴，每穴门均砌石条，以三合土封固。但是挖开两穴，里面仅有鎏金铜器、金抹额、银带扣、吊刀、玉额花、袖箭筒、护手、木刻等少量的残缺的物件。这些物件被装箱运往成都，交省政府机要秘书廖佩纯转交刘湘的夫人刘周书收存。当开始挖掘第三大穴时，被蒋介石的耳目侦知。他速派古生物兼人类学家马长肃博士等率领川康地区古生物考察团前去干涉，并由故宫古物保护委员会等电告禁止挖掘。不久，刘湘即奉命率部出川抗日，掘宝之事也被迫中止。

石达开是一位军事奇才。他早年加入拜上帝会，同洪秀全、冯云山、萧朝贵、杨秀清等人发动金田起义。后来被封为翼王，率军为先锋，从广西一路打到南京，因军功卓著，成为太平天国的主要统兵将领之一。太平军西征时期，曾被曾国

◎石达开铜像

藩的湘军所败，节节后撤。这时石达开奉命率军到九江前线增援。他一面指挥九江等地的守军顽强抗敌，一面将自己的军队分成几个小组，设计将曾国藩的湘军水师围困在鄱阳湖内，使用火攻计策焚烧，这一战几乎全歼了曾国藩的水师军队，急得曾国藩几乎要跳水自杀。后来石达开又率军一举摧毁了清军的江南大营和江北大营，解开了清军对天京的围困，使太平天国在军事上达到了全盛时期。石达开也因为军功卓著得到太平军将士们的一致拥护。

直到1856年夏天，杨秀清"逼天王亲到东王府封其万岁"，引起洪秀全的强烈不满，洪秀全密令正在安徽督师的北王韦昌辉回京调解。韦昌辉同杨秀清素来积怨很深。他率兵赶回天京，杀死杨秀清及其家属部众两万多人。石达开回京之后，尽弃前嫌，甚至连杀害了他全家的韦昌辉的父亲和兄弟都不许伤害。他想竭尽全力稳定因天京变乱而造成的混乱局面。但是，石达开的一片忠心反而引来洪秀全的猜忌。他见石达开辅政以来，功勋卓著，很得人心，又见石达开手下的部队都是太平天国的精锐之师，军力雄厚，害怕石达开会像杨秀清、韦昌辉一样对自己不利。因此，对石达开"时有不乐之心"，"深恐人占其国，使洪氏一家一姓的天下失之旦夕"。为了牵制石达开，洪秀全分封他的哥哥洪仁发为"安王"，洪仁达为"福王"，负责管理军队的粮草，并参与国事，以此来牵制石达开。但是，洪秀全的这种做法违背了他起义之初许下的"非金田同谋首义、建有殊勋者不封王爵的规定"，也极大地伤害了石达开的忠心。

后来，清军派人前来劝降，说只要石达开投降，就可以保证太平军的几万将士的性命无忧。石达开为保住几万部众的性命，于6月13日带了自己5岁的儿子石定忠去清营谈判。希望清军统帅骆秉章、唐友耕能"依书赴奏，请主宏施大度，胞与为怀，格外原情，宥我将士，请免诛戮，禁无欺凌，按官授职，量材擢用，愿为民者散为民，愿为军者聚为军"。结果清军出尔反尔，不仅扣押了石达开父子，还将太平军将士缴械并全部杀害。石达开后来被解到成都。

清军统帅骆秉章一见石达开，就问他："你投降吗？"石达开凛然地回答道："我来是乞死的，也是为我的部众请命的，当下只求一死了。"6月27日，骆秉章等人在总督府会审石达开，石达开冷笑道："所谓成则为王，败则为寇，今生你杀我，安知来生我不杀汝耶？"然后，便大义凛然，自赴刑场，被处凌迟。据说，石达开在临刑之际，依然神色怡然，无丝毫畏缩态。且系以凌迟极刑处死，至死亦均默默无声。

石达开的遭遇是一个历史的悲剧。也有人说石达开率众突围之后，带着自己的余部和大量的珠宝逃到了贵州与广西交界的丛山之中。见这里群山延绵，是个藏兵驻军以图东山再起的好地方，便在这里修筑了一座山寨，将珠宝埋在山寨的一个山洞中以作为自己有朝一日东山再起的资金。但是，由于此后不几年，南京也被清军攻破，洪秀全病逝，太平天国从此彻底失败，隐居在此的石达开随着年岁的增大，也逐渐失去了东山再起的信心。

从种种历史迹象来看，石达开当时应该是保存了一些军中的重要物品。但是在当时那种紧迫情形下，不可能修建太大的藏宝工程，同时，当时的太平军已经是穷途末路，缺衣少粮，因此也不会有巨额的金银财宝。

最豪华的私人城堡

赫氏堡是有史以来最豪华的私人住宅，是 20 世纪 20 年代美国传媒巨人威廉·伦道夫·赫斯特的私人城堡。

在赫斯特事业的巅峰时期，他拥有两座矿山，数不清的地产，26 家报纸，13 家全国性刊物，8 家广播电台和许多其他新闻媒体。当时赫斯特每天能赚 5

◎赫氏古堡全景

万美元，这个数字相当于现在的 500 万美元。

　　每个成功人士都想修建一座梦想中的住宅，赫斯特也一样，1919 年他开始构思修建一座举世无双的私人城堡。赫氏堡建在距洛杉矶 360 千米的圣西蒙。这里从太平洋边开始到桑塔露西亚山，4 万英亩（1618.72 平方千米）的土地都是赫家的私产。那广袤的草场，绵延的山丘，举目可望的海景，在赫斯特心中有不可替代的位置。到 1919 年，当他能够实现城堡之梦时，他毫不犹豫地选择了此地作为基址。

　　赫氏堡是由朱莉亚·摩根设计的，她是世界上最早从事建筑设计的女性之一。不过精通艺术的赫斯特在施工的同时给予摩根很多建议，其中大部分是关于如何将几千件古董收藏填进房间而又不显突兀，好像那些古董几百年来一直在那里一样。

　　赫氏堡的主楼共有 115 个房间，计有卧室 42 间，起居室 19 间，浴室 61 间，

◎赫氏古堡起居室

◎赫氏古堡聚会厅

◎赫氏古堡游泳池

2 个图书室，1 个厨房，1 个弹子房，1 个电影厅，1 个聚会厅，1 间大餐厅。此外还有 3 栋独立的客房，整个山庄共有房间 165 间。

位于城堡主入口处的室外游泳池叫海王池。按照萧伯纳的逻辑，海王爷本人游泳的地方一定比这儿差远了。泳池长 32 米，深 1 米到 3 米，所蓄的 1300 吨水是从山上引来的泉水。池边散落着几尊希腊罗马神话传说中的人物雕像，全部是艺术珍品。室内游泳池叫罗马池，是世界最豪华的泳池。墙壁、池底、岸边、跳台等用了 1500 万块在威尼斯制造的玻璃马赛克拼贴表面。金色的玻璃马赛克表面贴的是一层真金。单是生产这些马赛克就花了 1 年 3 个月的时间，整个泳池的修建则历时 3 年。

城堡中的大图书室是专为客人们布置的。那里收藏的手稿、绝版书、善本书全部是世所罕见的。书柜顶和书桌上放置的是公元前 2 世纪到 8 世纪希腊的陶罐，书桌和扶手椅是核桃木的古董。曾经让来做客的丘吉尔声称自己可以足不出户在该图书室待好几个月。

　　整座城堡只有一个餐厅，餐厅内的布置是赫斯特的骄傲。进入餐厅你会以为自己到了天主教堂或修道院。餐厅墙上挂的是 16 世纪法国佛兰德壁毯，椅子是 14 世纪西班牙唱诗班的长椅，天花板是 17 世纪意大利的木制天花板，上面雕刻的圣徒像比真人还大。房间尽头的大壁炉可以容下三四个人而丝毫不用弯腰低头，也不拥挤。壁炉上挂的一排旗帜是 16 世纪意大利锡耶那城举行宗教赛马活动时胜利者的旗子。桌上银制的餐具和烛台是 17 到 19 世纪英国、西班牙、法国等地的精品。赫斯特热爱动物，赫氏堡所在的牧场上建有一个动物园，是全球最大的私人动物园。赫斯特也热爱自然，修建赫氏堡时，有许多大橡树挡住了路，赫斯特宁肯花几千美元将树移走，也不愿简单地将它们伐掉。

　　赫氏堡的豪华超越所有人的想象，因为其中的艺术珍品是无价的。赫斯特一生酷爱收藏艺术品，家具、挂毯、绘画、雕塑、壁炉、天花板、楼梯，甚至整个房间都是他的收藏对象。他的收藏大多布置在城堡的房间内供人欣赏和使用，丝毫没有将藏品作为投资以期升值等功利思想。因为有了这些艺术品，整个城堡平添了浓浓的艺术气息和典雅的风韵。

　　光是修建赫氏堡的花费就高达 1000 万美元，这在当时相当于一个国王的身家。如果计算上所有古董和艺术品的价值，谁也说不清赫氏堡到底值多少钱。赫斯特去世后他的儿子们决定将城堡捐赠给加州政府，使整个产业得以向公众开放，让世人共同领略迷人山庄的魅力。

 # 美国亚利桑那州金矿之谜

　　美国亚利桑那州有一个称为迷信山的山区。

　　这里荒草丛生，怪石峥嵘，猛兽出没，到处是毒蛇，其中不少是令人生畏的响尾蛇。山中有座被人称为"迷失荷兰人"的金矿，吸引着许许多多无畏的探险者。

◎迷信山山区

　　1840 年的年底，一个名叫伯拦塔的探险人深入山区，几经艰险，终于发现一处矿藏丰富的金矿。他在这里仔细地作了标记，以便终生受用。消息传出去之后，有很多探宝人一直想找到这处金矿，但很不幸的是，有的人葬身荒野，有的人在途中惨遭印第安人的伏击而身亡。

　　在通往黄金宝藏的道路上，可谓障碍重重，同时还充满了恐怖的气氛。

　　后来有一位德国探险者华兹终于找到了这处金矿，他经常在山上待上两三天，然后神秘地潜回老家，每次总会捎上几袋高品质的金子。知道这个金矿地点的还有他的两个同伴，但是他们两个全被人神秘地杀害了。

　　凶手是谁？不得而知，大概和这座金矿一样，似乎会成为一个永久的秘密。

1891年，华兹死于肺炎，他在临终前画了一张地图，标明了这处金矿的位置。1931年，一位名叫鲁斯的男子通过种种途径弄到了这张不知真伪的地图，于是他携带地图，进入了迷信山山区，然而他却一去不返，6个月后，有人在山区发现了他的头颅，头上中了两枪，死状很惨。他临死前遭遇了什么？凶手又是谁呢？

1959年，又有3位探险者在这处山区遇害。大家对凶手的猜测更是甚嚣尘上。

无论怎样，凶手肯定是金矿的知情人。他或他们试图在保全这个秘密，然而，这一切阻止不了倔强的寻宝人。因而，来自各地探险者的身影，以及随之而来的枪声，腥血，还有潜藏在阴暗处的响尾蛇，以及荒郊野外如血的残阳和呼啸的寒风，构成亚利桑纳金矿恐怖的色彩基调。

至今，笼罩在这个山区的迷雾还没有散去。让人羡慕不已的金矿竟令人困惑不安。

睡虎地：沉睡的宝藏

睡虎地，地处湖北云梦县城关西郊，东南距云梦火车站仅100多米，原是高于地面的一个山嘴。从地名命名的角度来看，这一带可能会有墓葬分布：它的南边是大坟头山嘴，北边是木匠坟山嘴。那么，究竟会有什么"老虎"在这山嘴之下呢？

1972年睡虎地曾发现一座古墓，考古工作者在进行发掘时，引来了附近村民围观。他们在现场看到了不少出土的物件，增长了不少见识。1975年冬天，全中国正掀起农业学大寨高潮，云梦县城关公社在睡虎地山嘴平整土地，大搞农田水利建设。

一天完工后，有两个青年社员在经过新挖的水渠时，一张姓青年在渠底偶然看到一片青膏泥，捡起来一看，一下子联想到以前参观考古工地时看到的这种

◎睡虎地出土的精美漆器

密封棺木用的青膏泥。他揣测这里的地面下很可能有古墓，于是他们立即在发现青膏泥的地方向下挖，仅仅两锄深就看到了棺木，这一下就证实了他的判断。

这一发现很快报告到云梦县文化部门，云梦县委非常重视，对古墓发现地采取了有效保护措施。通过勘探，一共发掘、清理出12座古墓。根据墓葬形制和出土文物可以断定，这批墓地是战国末秦国至秦始皇时代的墓葬，它们比较密集地分布在睡虎地山嘴上。

墓口距地表仅半米左右，但由于青膏泥的密封作用，墓内棺椁、葬具及随葬器物大多保存完好。但要清理出随葬物品，把室内近一米深的积水抽出来，这是一项需要耐心和细心的工作。通过40多天的发掘，11号墓出土了1100多片竹简，这是本次发掘最激动人心的收获。

在睡虎地发掘的12座秦墓都属小型墓，12座墓中共清理出随葬器物400余件，主要有漆、木、竹、陶、铜、铁等质料的各种器物。其中，以漆器最精美，造型独特，颜色如新，共140多件。它们是研究漆器历史和工艺的重要资料。

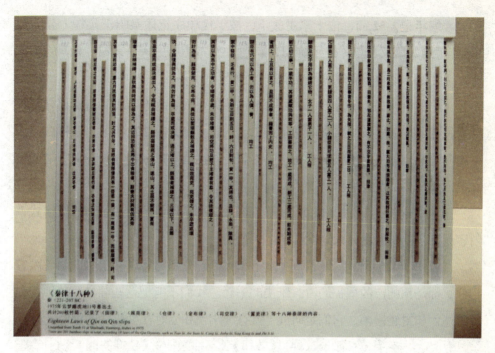

《秦律十八种》
秦（221-207 BC）
1975年 云梦睡虎地11号墓出土
共计201枚竹简，记录了《田律》、《厩苑律》、《仓律》、《金布律》、《司空律》、《置吏律》等十八种秦律的内容

Eighteen Laws of Qin on Qin slips
Unearthed from Tomb 11 at Shuihudi, Yunmeng, Hubei in 1975
There are 201 bamboo slips in total, recording 18 laws of the Qin Dynasty, such as Tian li, An Yuan li, Cang li, Jinbu li, Sing Kong li and Zhi li li

◎睡虎地出土的秦简

但带给人最大的喜悦莫过于 11 号墓出土的一批竹简。

11 号墓是一座长方形竖穴土坑墓，墓口东南长 4.16 米，南北宽 3 米，深 5.19 米，墓中有撑室，撑室内有棺室和头箱，头箱内有漆器、竹木器、陶器、铜器等 70 余件，棺内随葬竹简、云梦睡虎地秦简和毛笔、玉器、漆器等，竹简分 8 堆散置于尸骨头部、右侧、足部和腹部。

棺内竹简共 1150 余枚，简长 23.1 ～ 27.8 厘米，宽 0.5 ～ 0.8 厘米，墨书秦隶，简文近 4 万字，清晰可辨。简的上、中、下都有三道残存的绳痕，可知当时是以细绳分三道将一枚枚竹简编辑成册的，出土时绳索已腐朽，竹简散乱成堆，不见原来的编撰顺序。

秦简内容丰富，共有《编年记》《语书》《秦律十八种》《效律》《秦律杂抄》《法律答问》《封诊式》《为吏之道》《日书》甲种和乙种等 10 种书籍。其中《语书》《封诊式》和《日书》是原有标题，其余各书书名是云梦秦简整理小组根据内容拟定的。

《编年记》52 简，位于墓主头下，按年代顺序记述秦昭王元年（公元前306 年）到始皇三十年（公元前 217 年）间 90 年的历史，是秦国、秦朝的编年史。这可以帮我们了解秦统一战争的全过程。

《语书》14 简，出土于墓主腹部和右手的下面，为秦昭王时南郡郡守腾，对所属各县官吏发布的文书。秦昭王二十八年（公元前 279 年），秦将白起率军攻占楚地，秦国为了巩固它在这里的统治，设置南郡。郡守腾在文书中要求属吏奉公守法，无害于邦。

《为吏之道》50 简，发现于墓主腹下，采用上下五栏书写的独特格式，内容庞杂，主要讲述儒家处世哲学。

《日书》425 简，发现于墓主足下和头侧，分别为甲种和乙种，两者内容相似，都是预测吉凶祸福的占卜维类的书籍。我们不能把这些简文简单地视为传统迷信和封建糟粕，它们是研究"五行"学说和当时社会生活的重要资料。

法律类内容有《秦律十八种》《效律》《秦律杂抄》《法律答问》《封诊式》等，共 600 多简，是 11 号墓竹简中的大宗。整理发现，秦国的法律已具备刑法、诉讼法、民法、军事法、行政法、经济法等法种，举凡农田水利、牛马饲养、粮食贮存、徭役征发、刑徒服役、工商管理、官吏任免、物资账目、军爵赏赐、军官任免、军队训练、战场纪律、后勤保障、战后奖惩等等，都有具体细致的法律条文规定。它们是中国出土的最古老的法律条文。

云梦秦简的发现是继马王堆汉墓之后，中国文物考古工作的又一重大成就，可谓不折不扣的宝藏。1976 年 3 月 28 日，中央级媒体《人民日报》等对云梦竹简的出土做了全面、及时报道，并在国内外都引起了轰动。